W0256163

Leitfäden und Monographien der Informatik

Brauer: **Automatentheorie**
493 Seiten. Geb. DM 58,–

Dal Cin: **Grundlagen der systemnahen Programmierung**
221 Seiten. Kart. DM 34,–

Engeler/Läuchli: **Berechnungstheorie für Informatiker**
120 Seiten. Kart. DM 24,–

Loeckx/Mehlhorn/Wilhelm: **Grundlagen der Programmiersprachen**
448 Seiten. Kart. DM 44,–

Mehlhorn: **Datenstrukturen und effiziente Algorithmen**
Band 1: Sortieren und Suchen
2. Aufl. 317 Seiten. Geb. DM 48,–

Messerschmidt: **Linguistische Datenverarbeitung mit Comskee**
207 Seiten. Kart. DM 36,–

Niemann/Bunke: **Künstliche Intelligenz in Bild- und Sprachanalyse**
256 Seiten. Kart. DM 38,–

Pflug: **Stochastische Modelle in der Informatik**
272 Seiten. Kart. DM 38,–

Richter: **Betriebssysteme**
2. Aufl. 303 Seiten. Kart. DM 38,–

Wirth: **Algorithmen und Datenstrukturen**
Pascal-Version
3. Aufl. 320 Seiten. Kart. DM 39,–

Wirth: **Algorithmen und Datenstrukturen mit Modula - 2**
4. Aufl. 299 Seiten. Kart. DM 39,–

Wojtkowiak: **Test und Testbarkeit digitaler Schaltungen**
226 Seiten. Kart. DM 36,–

Preisänderungen vorbehalten

 B. G. Teubner Stuttgart

Leitfäden und Monographien der Informatik

M. Dal Cin
Grundlagen der systemnahen Programmierung

Leitfäden und Monographien der Informatik

Die Leitfäden und Monographien behandeln Themen aus der Theoretischen, Praktischen und Technischen Informatik entsprechend dem aktuellen Stand der Wissenschaft. Besonderer Wert wird auf eine systematische und fundierte Darstellung des jeweiligen Gebietes gelegt. Die Bücher dieser Reihe sind einerseits als Grundlage und Ergänzung zu Vorlesungen der Informatik und andererseits als Standardwerke für die selbständige Einarbeitung in umfassende Themenbereiche der Informatik konzipiert. Sie sprechen vorwiegend Studierende und Lehrende in Informatik-Studiengängen an Hochschulen an, dienen aber auch in Wirtschaft, Industrie und Verwaltung tätigen Informatikern zur Fortbildung im Zuge der fortschreitenden Wissenschaft.

Grundlagen der systemnahen Programmierung

Von Prof. Dr. rer. nat. Mario Dal Cin
Universität Frankfurt am Main

Mit zahlreichen Abbildungen

B. G. Teubner Stuttgart 1988

Prof. Dr. Mario Dal Cin

Geboren 1940 in Bad Wörishofen (Bayern). Studium der Physik und Mathematik an der Universität München, Promotion 1969 mit einer Arbeit in Hochenergiephysik. Von 1969 bis 1971 USA-Aufenthalt, Center for Theoretical Studies, Coral Gables. 1973 Habilitation, 1973 bis 1985 Professor an der Universität Tübingen. Seit 1985 Professor am Fachbereich Informatik der Johann Wolfgang Goethe-Universität Frankfurt am Main.

CIP-Titelaufnahme der Deutschen Bibliothek

Dal Cin, Mario:
Grundlagen der systemnahen Programmierung / von Mario Dal Cin. -
Stuttgart : Teubner, 1988
(Leitfäden und Monographien der Informatik)
ISBN 978-3-519-02264-0 ISBN 978-3-322-93095-8 (eBook)
DOI 10.1007/978-3-322-93095-8

Gesamtherstellung: Zechnersche Buchdruckerei GmbH, Speyer
Umschlaggestaltung: M. Koch, Reutlingen

VORWORT

Dieses Buch ist aus einer Vorlesung für Studenten der Informatik hervorgegangen, die in ein regelmäßig angebotenes Praktikum in Systemprogrammierung einführen soll. Ziel dieser Vorlesung ist die Vermittlung grundlegender Methoden der systemnahen Programmierung, während im Praktikum vor allem der Einsatz einer höheren Programmiersprache für Probleme der systemnahen Programmierung geübt werden soll. Kenntnisse in einer höheren Programmiersprache, vorzugsweise Pascal, Modula-2 oder C, werden deshalb vorausgesetzt.

Das Buch richtet sich aber nicht nur an Informatikstudenten, sondern in erster Linie auch an die Benutzer von Personal Computern, vor allem an solche, die sich intensiver mit der Programmierung ihres Rechners befassen wollen, als dies für die Erstellung reiner Anwendersoftware nötig wäre. Sie können nämlich, im Vergleich zu den Benutzern eines großen Systems, die vorhandenen Resourcen ihres Rechners gezielter, auf die jeweilige Anwendung abgestimmt, nutzen. Dazu sind jedoch einige Kenntnisse in systemnaher Programmierung erforderlich.

Bis auf wenige Ausnahmen habe ich mich bemüht, dem Leser nur vollständige Programmbeispiele anzubieten. Deshalb wird er sich zuweilen auch mit weniger wichtigen Details befassen müssen. Er kann dafür aber sicher sein, daß die Beispiele lauffähig sind und getestet wurden. Das Buch gliedert sich in zwei Teile. Teil I soll die Grundprinzipien der modularen, systemnahen Programmierung vermitteln und diese an Hand der Behandlung von Ausnahmen demonstrieren. Teil II befaßt sich mit der concurrenten Programmierung. Dabei steht die Entwicklung und die Modellierung ganzer Prozeß-Systeme im Vordergrund.

Den Herren Dr. R. Brause, J. Lutz, T. Philipp und A. Willemer danke ich für viele wertvolle Anregungen zu diesem Buch. Mein besonderer Dank gilt meiner Frau Inge für die Erstellung des Manuskripts einschließlich der vielen Figuren. Dem Verlag B.G. Teubner danke ich für sein Entgegenkommen und die Aufnahme dieses Buchs in sein Verlagsprogramm.

Frankfurt am Main, im Sommer 1988 Mario Dal Cin

INHALTSVERZEICHNIS

TEIL I: GRUNDLAGEN

Teil II: NEBENLÄUFIGKEIT

ANHANG

TEIL I

GRUNDLAGEN

1. EINLEITUNG

Software läßt sich generell in Anwender- und Systemsoftware unterteilen. Zur Anwendersoftware zählen diejenigen Programme (Applikationen), die Aufgaben lösen, welche der Benutzer einer Rechenanlage formuliert hat. Zur Systemsoftware zählen dagegen Programme, die die Funktion der Rechenanlage steuern. Unter systemnaher Programmierung sei im folgenden das Entwerfen und Erstellen solcher Systemprogramme verstanden. Mit dem Personal-Computer ist systemnahe Programmierung auch für den Anwender möglich geworden. Er kann selbst Programme erstellen, die helfen, Applikationen seinen speziellen Bedürfnissen entsprechend auszuführen.

1.1 Systemnahe Programmierung

Damit Anwenderprogramme ausgeführt werden können, müssen bestimmte Dienste zur Verfügung stehen. Diese werden von systemnahen Programmen erbracht, die z.B. Befehle an periphäre Geräte wie Bildschirm, Tastatur oder Drucker senden, Datenbestände verwalten und den Applikationen die von ihnen benötigten Betriebsmittel zuteilen. Systemnahe Programmierung unterscheidet sich folglich in drei wesentlichen Aspekten von der Anwenderprogrammierung.

- Wer Systemprogramme entwirft, benötigt detaillierte Kenntnisse über die Hardware und (falls vorhanden) über das Betriebssystem der Zielmaschine. Er muß z.B. verstehen, wie Interrupts von der Hardware verarbeitet werden. Er hat besondere Sorgfalt darauf zu verwenden, daß im Programm alle Systemabhängigkeiten und deren Wirkungen klar erkennbar sind. Andernfalls wird ihm die Wartung seiner Programme und ihre Portierung auf andere Rechner große Schwierigkeiten bereiten.
- Während ein Anwenderprogramm mit einem Piloten verglichen werden kann, der sein Flugzeug von Flughafen zu Flughafen dirigiert, gleicht ein Systemprogramm eher einem Fluglotsen, dessen Aufgabe es ist, gleichzeitig mehreren Piloten dabei zu helfen, auf einer einzigen Landebahn aufzusetzen, ohne daß es zu Kollisionen kommt. Systemprogramme haben nämlich oft mehrere Funktionen quasi gleichzeitig zu erledigen. Der Systemprogrammierer muß deshalb ein sicheres Gefühl für parallele Abläufe und die Schwierigkeiten ihrer Koordinierung entwickeln.
- Die Dienste der meisten Systemprogramme werden fortwährend benötigt. Diese Programme sind also praktisch ständig aktiv. Deshalb ist bei ihrer Entwicklung immer darauf zu achten, daß sie mit CPU-Zeit und Speicherplatz sparsam umgehen. Bei einer Applikation, die vielleicht nur einmal benötigt wird, mag dies nicht so wichtig sein. Man kann dann mit CPU-Zeit und Speicherplatz großzügiger verfahren, wenn dafür die Entwicklung des Programms weniger Zeit in Anspruch nimmt.

Systemprogammierung ist nur möglich in Programmiersprachen, die einen (mehr oder weniger direkten) Zugriff auf die Hardware gestatten. Deshalb ist die Systemprogrammierung auch die Domäne der Assemblerprogrammierer. Assemblersprachen sind von Systemprogrammierern geschaffene Sprachen, die das Erstellen von Maschinenprogrammen erleichtern. Sie ersetzen die binären Maschinenbefehle durch leichter zu handhabende mnemonische Abkürzungen und unterstützen den Programmierer z.B. bei der Festlegung von Speicheradressen und der Reservierung von Speicherplatz. Unter Zuhilfenahme eines Übersetzungsprogramms, dem Assembler, läßt sich der Quelltext dann in ein Maschinenprogramm umwandeln.

1.2 Systemprogrammiersprachen

Traditionell werden also Systemprogramme in Assemblersprachen geschrieben. Bekanntlich hat aber die Assemblerprogrammierung gravierende Nachteile. Sie ist fehleranfällig und unproduktiv. Der Programmierer muß sich viel Spezialwissen aneignen, das eventuell schnell wieder veraltet. Assemblerprogramme sind außerdem nicht portabel. Diese Nachteile haben höhere Programmiersprachen zwar nicht. Sie sind aber in der Regel nicht system- sondern anwendungsorientiert, für die systemnahe Programmierung also nicht geeignet. Man hat aber in letzter Zeit verstärkt nach Wegen gesucht, die systemnahe Programmierung auch mit höheren Programmiersprachen zu ermöglichen. Bekannte Ergebnisse sind C, Perl, Ada, CHILL, Mesa und Modula-2. Von höheren Systemprogrammiersprachen wird auch gefordert, daß sie den Programmentwurf möglichst gut dokumentieren, was am besten durch ein geeignetes Modulkonzept geschehen kann.

Die für die systemnahe Programmierung geeigneten höheren Sprachen kann man unterteilen in solche,

- die höhere Sprachkonstrukte für die Systemprogrammierung enthalten, z.B. für die Prozeßerzeugung, Prozeßsynchronisation und die Betriebsmittelvergabe (Beispiele dafür sind Ada und Perl), und in solche,
- die diese höheren Konstrukte nicht enthalten, dafür aber stärker maschinenorientiert sind und eine direktere Kontrolle der Hardware gestatten.

C und auch Modula-2 gehören zur zweiten Gruppe.

Soll eine höhere Programmiersprache nicht allein für Anwendungen sondern auch für die Systemprogrammierung taugen, so hat sie bestimmten Anforderungen zu genügen.

- Sie muß erlauben, zeitlich nicht vorhersehbare, asynchrone Ereignisse zu behandeln, um eine rasche Reaktion auf Unterbrechungswünsche und eine effiziente Prozessorvergabe zu ermöglichen. Dazu gehört auch, daß Prioritäten im Programmablauf vergeben werden können.
- Es muß möglich sein, auf kontrollierte Weise die strenge Typenbindung höherer Programmiersprachen zu umgehen und in Maschinensprache erstellte

Programmteile einzubinden. Bei der Speicherverwaltung und der Adressrechnung wird man z.B. davon Gebrauch machen wollen.

- Es muß möglich sein, Hardwarekomponenten - wie z.B. Prozessor- und Geräteregister oder Hauptspeicherzellen - direkt anzusprechen. Können z.B. spezielle Instruktionen, wie beispielsweise E/A-Befehle oder Zulassen und Verhindern von Unterbrechungen, verwendet werden?
- Hardwareabhängige Programmteile sollten sich aus Portabilitätsgründen vom Rest des Programms separieren lassen, so daß sie bei einer Portierung leicht ersetzt werden können.
- Programmteile (Module) sollten sich separat compilieren lassen, damit die nötige Flexibilität im Programmentwurf und im Projektmanagement gewährleistet ist.
- Der Compiler muß einen effizienten Maschinencode erzeugen.

Aber nicht nur die Sprache selbst, sondern auch die Programmierumgebung hat gewissen Anforderungen zu genügen. Denn eine Systemprogrammiersprache gewinnt umso mehr an Wert, je vollständiger sie in eine gute Softwareentwicklungsumgebung eingebunden ist, die bei der Entwicklung eines systemnahen Programms die Änderung, Verwaltung, Analyse und Dokumentation von Programmentwürfen unterstützt.

- Deshalb sollte es für die Sprache Software-Entwicklungswerkzeuge geben, wie ein Make, das die separate Compilierung unterstützt, ein Quellcode-Kontroll-System (SCCS: source code control system), einen syntaxorientierten Editor oder einen symbolischen Debugger.

Auswahl und Erlernen einer höheren Systemprogrammiersprache und das Beschaffen einer geeigneten Softwareentwicklungsumgebung erfordert einige Mühe. Sie macht sich aber bezahlt.

1.3 Zu diesem Buch

Dieses Buch soll in die Grundlagen der systemnahen Programmierung einführen und nicht in die Programmierung eines bestimmten Rechners. Deshalb werden die Grundlagen möglichst unabhängigig von einer speziellen Rechnerarchitektur und irgendwelchen Assemblersprachen dargestellt; deshalb auch die Wahl einer höheren Systemprogrammiersprache für die Darstellung der meisten unserer Programmbeispiele. In erster Linie wird Modula-2 [Wir85] verwendet. Der Sprache Modula-2 liegt ein klares Sprachkonzept zugrunde. Sie unterstützt, ja erzwingt (im Gegensatz zu C), einen guten Programmierstiel und vereinigt Einfachheit und Eleganz mit einer breiten Anwendungsmöglichkeit. Modula-2-Programme sind für Leser, die mit Pascal vertraut sind, leicht zu verstehen. Außerdem ist Modula-2 für viele Maschinen, vor allem auch Personal-Computer, für wenig Geld zu haben.

Neben Modula-2 werden auch die für die Systemprogrammierung wichtigsten Aspekte von C [KeR] vorgestellt, da C wohl inzwischen als die (höhere?) Systemprogrammiersprache schlechthin gilt.

Zuweilen wird es dennoch notwendig sein, auf Maschinendetails und Eigenheiten eines Betriebsystems einzugehen. (Wir werden dafür dann den ATARI 1040ST unter TOS und den IBM-AT unter MS-DOS heranziehen). Es sollen dabei aber immer nur die prinzipiellen Gesichtspunkte der Systemprogammierung zur Sprache kommen. Deshalb wird in der Regel darauf verzichtet, die spezielleren Details zu erwähnen. Um diese kennen zu lernen, sind die entsprechenden Handbücher zu Rate zu ziehen.

Behandelte Themen sind u.a. die Verwendung von Systemaufrufen, die Behandlung von Unterbrechungen, der Einsatz von Coroutinen und die Entwicklung und Modellierung ganzer Prozeßsysteme. Besondere Aufmerksamkeit wird auf die Darstellung für die Systemprogrammierung wichtiger Programmiermethoden gelegt, wie die Modularisierung und Hierarchisierung von Programmen. "Modulares Denken" erweist sich als unabdingbar für den Entwurf umfangreicherer Programmsysteme. Monolithische Programme überfordern nämlich schnell unsere Fähigkeit, komplexe Systeme zu verstehen und zu konstruieren.

Bevor wir uns den Grundlagen der systemnahen Programmierung zuwenden, sollen einige allgemeine, die Systemprogrammierung betreffende Begriffe erörtert werden.

2. GRUNDBEGRIFFE DER SYSTEMNAHEN PROGRAMMIERUNG

Rechner bestehen aus vielen verschiedenen Subsystemen: Prozessoren, Speichern, Uhren, Terminals, Plattenlaufwerken, Druckern, Netzwerkschnittstellen, etc. Demzufolge geschieht in einem Rechner vieles gleichzeitig und muß koordiniert werden. Systemprogramme sind dafür da, daß diese Subsysteme korrekt und effizient benutzt werden können. Die Aufgaben der einzelnen Systemprogramme sind deshalb sehr verschieden und können sehr komplex sein. Um Struktur in diese Vielfalt zu bringen, ist es nützlich, den Begriff "virtuelle Maschine" zu verwenden.

2.1 Virtuelle Maschinen

Ein Rechnersystem läßt sich als ein in Schichten gegliedertes System vorstellen. Jede dieser Schichten ist durch einen Satz für sie charakteristischer Operationen bestimmt. Man nennt die Gesamtheit der von einer Schicht zur Verfügung gestellten Operationen eine "virtuelle Maschine" oder auch "abstrakte Maschine". Jenachdem, wie die einzelnen virtuellen Maschinen angeordnet werden, entstehen verschiedene Schichtenmodelle. Ein gängiges Schichtenmodell hat folgende Struktur; Abb. 2.1.

Abb. 2.1 Schichtenmodell

Sprachen		
Dienste		
BS-Kern		
Laufzeitsystem		
Mikrocode		
Prozessor	Speicher	Peripherie

Die Hardware bildet die unterste Schicht (Hardwaremaschine). Die nächste wird durch den Mikrocode des Steuerprozessors (Leitwerks) gebildet. Darüber liegt meist ein sog. Laufzeitsystem (runtime support). Dieses Laufzeitsystem ist u.a. für Prozeduraufrufe (procedure linkage), Prozeßumschaltungen (sog. Kontextwechsel) und die Fehlerbehandlung zuständig. Diese drei Schichten bilden die sog. Basismaschine.

Über der Basismaschine liegt als nächste Schicht das Betriebssystem - unterteilt in den Betriebssystemkern und in einen Dienstleistungsteil. Der Kern stellt den darüberliegenden virtuellen Maschinen eine Umgebung zur Verfügung, in der mehrere Prozesse ablaufen können. Er enthält die Prozeß-, Speicher- und Interruptverwaltung. Der Dienstleistungsteil enthält u.a. das Dateiensystem und Netzwerkdienste für die Kommunikation mit anderen Rechnern. Diese Betriebssystem-Maschine wird von Systemprogrammen gebildet und ist meist selbst wieder in Schichten gegliedert; vgl. Abb. 2.2.

Abb. 2.2 Betriebssystem

Dienstprogramme
Dateiverwaltung
Kommandosprache
Ein-/Ausgabe
Speicherverwaltung
Prozeßverwaltung
Interruptverwaltung

Das gesamte System wird nun dadurch realisiert, daß die Maschinen der verschiedenen Schichten aufeinander abgebildet werden. Diese Abbildungen besagen, wie die Operationen einer virtuellen Maschine durch die unter ihr liegende Maschine interpretiert werden: nämlich dadurch, daß eine oder mehrere Operationen der darunterliegenden Schicht ausgeführt werden; vgl. Abb. 2.3. Nur die Operationen der untersten Maschine (Hardware-Maschine) werden direkt, d.h. von den physikalischen Bauteilen, ausgeführt. Eine sequentielle virtuelle Maschine kann immer nur eine Operation, eine parallele virtuelle Maschine dagegen gleichzeitig mehrere Operationen ausführen.

2.2 Zwei Beispiele

Da im folgenden Bezug darauf genommen wird, sei an dieser Stelle die Schichtenstruktur des ATARI-Betriebssystems, TOS genannt, kurz erläutert. In seiner Struktur ähnelt TOS dem Betriebsystem MS-DOS; vgl. Abb. 2.4.

Die unterste Schicht von TOS heißt BIOS (Basic Input Output System). BIOS macht

Abb. 2.3

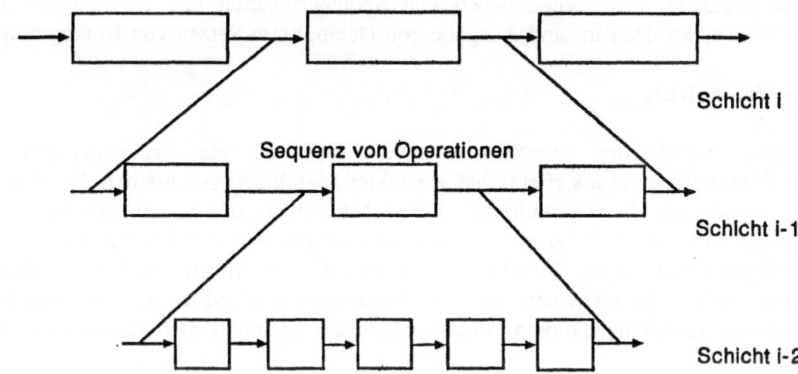

Abb. 2.4 TOS

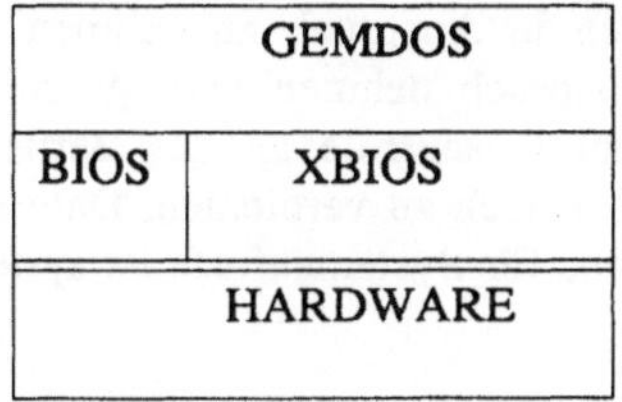

die Tastatur, den Bildschirm und die Floppy Disk hantierbar. Es stellt dem Systemprogrammierer dafür 12 Funktionen zur Verfügung. Für die Verwaltung weiterer Funktionsbausteine der Hardware, wie Druckerport oder Tongenerator, gibt es das XBIOS (Extended BIOS). BIOS und XBIOS bilden die unmittelbare Schnittstelle des Betriebssystems zur Hardware. Darüber liegt das GEMDOS. GEMDOS faßt die einfachen Funktionen der Hardwareschnittstelle zu komplexeren Funktionen zusammen. Es übernimmt u.a. Aufgaben der Kommunikation und der Speicher- und Diskettenverwaltung. (Die ATARI-Systemsoftware enthält natürlich noch weitere Komponenten, so z.B. als Benutzerschnittstelle den Kommandoprozessor COMMAND oder das graphische System GEM, das z.B. die Desktop-Menüs erzeugt.)

Nicht immer ist eine Betriebssystemmaschine erforderlich. Ein Anwenderprogramm kann auch direkt auf der Basismaschine aufsetzen, ohne daß ein Betriebssystem vorhanden ist; Abb. 2.5. Es muß dann gewisse Aufgaben des Betriebssystems selbst übernehmen, z.B. Ein-/Ausgabe. Diesen Fall trifft man bei eingebetteten (Rechner)-

Systemen an, die z.B. Funktionen einer Fertigungsmaschine oder eines Fahrzeuges steuern. Zur Unterstützung der Programmentwicklung dient dann oft ein sogenannter Monitor. Er hilft beim Erstellen von Speicherauszügen, beim Anzeigen der Registerzustände, beim Verschieben von Speicherinhalten und Ausführen von Programmteilen, bei der Ein- und Ausgabe von Daten, beim Setzen von Brakepoints, etc.

2.3 Systemaufrufe

Mit dem Begriff der virtuellen Maschine läßt sich ein Rechnersystem implementationsunabhängig als Hierarchie abstrakter Maschinen beschreiben. Es spielt dabei keine Rolle, ob die Operationen dieser Maschinen durch die Hardware direkt ausgeführt oder durch Mikroprogramme oder Programme interpretiert werden. Durch Hinzufügen immer neuer Schichten können im Prinzip immer mächtigere Maschinen erzeugt werden. Die einzelnen virtuellen Maschinen sind jedoch in sich abgeschlossen und können unabhängig davon, welche Schichten später noch hinzukommen, benutzt werden.

In einem nach dem Schichtenmodell hierarchisch gegliederten System hat der Systemprogrammierer somit (im Prinzip wenigstens) die Möglichkeit, Dienstleistungen verschiedener virtueller Maschinen in Anspruch zu nehmen. Wenn er die Dienste der Betriebssystemschichten in Anspruch nehmen will, geschieht dies durch sogenannte Systemaufrufe. Dies sind Funktionsaufrufe an das Betriebssystem und dienen z.B. dazu, Prozesse zu erzeugen oder auch zu vernichten, Dateien zu öffnen, zu lesen oder zu verändern. Der Mechanismus für Systemaufrufe ist systemabhängig und deshalb in

Abb. 2.5

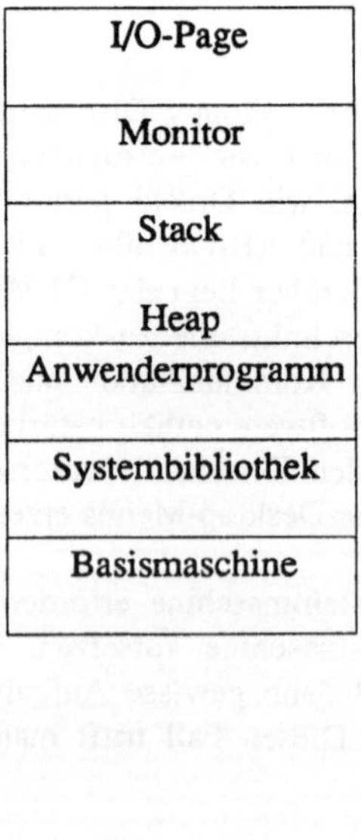

I/O-Page
Monitor
Stack Heap
Anwenderprogramm
Systembibliothek
Basismaschine

der Regel in Assembleranweisungen zu formulieren. Systemaufrufe dienen u.a. auch dazu, die an den Rechnern angeschlossenen Geräte anzusteuern.

2.4 Virtuelle Geräte

Das Eigenschaftswort "virtuell" wird in der Informatik bekanntlich in unterschiedlicher Bedeutung verwendet. So spricht man z.B. auch von virtuellen Geräten und meint damit eine Abstraktion der Eigenschaften realer Geräte und - im konkreten - eine Datenstruktur, die eine Klasse von realen Geräten beschreibt. Beispiele sind virtuelle Terminals oder virtuelle Plattenspeicher. Ziel dieser Virtualisierung ist es, systemnahe Programme möglichst unabhängig von den speziellen Eigenschaften der Hardware erstellen zu können und dabei die Abbildung virtueller Geräte auf eine reales Gerät speziellen Systemprogrammen (Gerätetreibern) zu überlassen. Eine wiederum etwas andere Bedeutung hat der Begriff Virtualität im Zusammenhang mit der Prozessorverwaltung. Wir werden darauf in Kapitel 10 näher eingehen.

2.5 Ausnahmen

Es kann zuweilen notwendig werden, die normale Aktivität einer virtuellen Maschine zu unterbrechen. Dies ist sicher der Fall, wenn im Programmablauf ein Fehler auftritt. Dies kann aber auch der Fall sein, wenn ein Peripheriegerät (device) einen Unterbrechungswunsch (IRQ: interrupt request) an den Prozessor schickt. Man spricht dann von Ausnahmen (Exception). Ausnahmen lassen sich in drei Gruppen einteilen:

- Ausnahmen, die durch Systemaufrufe hervorgerufen werden, sogenannte Traps oder Software-Interrupts.
- Intern hervorgerufene Ausnahmen aufgrund von Fehlern. Solche Fehler sind z.B. Adressierungsfehler, Privilegverletzungen, Aufrufe nicht implementierter Befehle oder Fehler bei der Ausführung arithmetischer Operationen (Division durch Null). Wir werden zu dieser Gruppe aber auch solche Ausnahmen zählen, die vom Benutzer definiert wurden.
- Externe Unterbrechungen, sogenannte Interrupts. Geräte können z.B. eine Unterbrechung der Prozessoraktivität dadurch anfordern, daß sie ein bestimmtes Signalmuster an den Prozessor senden. Der Prozessor wird daraufhin, je nachdem welches Signalmuster anliegt, die Unterbrechung bestätigen (IAK:interrupt acknowledge) und seine Aktivität unterbrechen oder auch nicht.

Ausnahmen der ersten beiden Gruppen treten synchron zum Programmablauf auf, d.h. der Ort ihres Entstehens ist vorgegeben und der Zeitpunkt, zu dem sie entstehen, kann aus dem Programmcode vorhergesagt werden. Interrupts treten dagegen in der Regel asynchron auf. Sobald eine Ausnahmesituation entstanden ist, muß das System darauf reagieren. Die Ausnahmen müssen vom System behandelt werden (Exception Handling). Dies ist eine typische Aufgabe für Systemprogramme. Wie wir sehen werden, ist das grundlegende Schema, mit dem Ausnahmen behandelt werden, für Ausnahmen aller drei Gruppen meist das gleiche. Systemaufrufe werden in Kapitel 3, Unterbrechungen in Kapitel 6 und intern erzeugte Ausnahmen in Kapitel 7 besprochen.

2.6 Nebenläufigkeit

Aktivitäten einer oder mehrerer virtuellen Maschinen heißen nebenläufig oder concurrent, wenn sie zu wenigstens einem Zeitpunkt bereits begonnen haben aber noch nicht beendet sind. Solche nebenläufige Aktivitäten entstehen z.B., wenn verschiedene Prozessoren Programme abarbeiten oder wenn ein Prozessor quasi gleichzeitig mehrere Geräte steuert. Nebenläufige Aktivitäten müssen in der Regel koordiniert werden. So muß z.B. verhindert werden, daß von verschiedenen Programmen aus gleichzeitig oder quasigleichzeitig auf einunddenselben Drucker zugriffen wird.

Unter Quasiparallelität sei im folgenden die nebenläufige Aktivität einer sequentiellen, unter Parallelität die einer parallelen virtuellen Maschine verstanden. Für zwei parallele Aktivitäten gibt es wenigstens einen Zeitpunkt, zu dem sie gleichzeitig stattfinden. In einer sequentiellen virtuellen Maschine gibt es Nebenläufigkeit nur als Quasiparallelität.

2.7 Prozesse

Die Aktivität einer virtuellen Maschine nennt man auch einen Prozeß. Unter einem Prozeß wird also die Ausführung einer Folge von Operationen durch eine virtuelle Maschine verstanden. Jeder Prozeß ist somit einer virtuellen Maschine, d.h. einer Schicht des Rechnersystems, zugeordnet. Ein Prozeß einer höheren Schicht kann durch einen oder mehrere Prozesse der darunterliegenden Schicht realisiert werden. Andererseits kann aber auch ein Prozeß einer niedereren Schicht mehrere Prozesse der darüberliegenden Schicht realisieren, indem er deren Operationen quasiparallel ausführt. Bei Echtzeitsystemen spricht man statt von Prozessen oft auch von Tasks.

Zuweilen ist es nötig, einen Prozeß in seinem Ablauf anzuhalten. Wenn er später wieder gestartet werden soll, muß bis dahin die gesamte Information über den Zustand des Prozesses aufbewahrt werden. Die Möglichkeit, solche Unterbrechungen (Kontextwechsel) zu veranlassen, gehört mit in den Bereich der systemnahen Programmierung. Z.B. sind in Echtzeitsystemen meist spezielle Ein-/Ausgabegeräte (z.B. A/D-Wandler) mit Hilfe von Interrupts zu bedienen. Deshalb kann für solche Anwendungen die Behandlung von Prozeßunterbrechungen nicht auf das Betriebssystem beschränkt bleiben. Auf den Prozeßbegriff werden wir in Teil II noch ausführlich eingehen.

2.8 Betriebsmittel

Betriebsmittel (Resourcen) sind Hilfsmittel, die für eine Aktivität benötigt werden. Dazu gehören physikalische Betriebsmittel, wie Prozessoren und Speicher, aber auch sog. logische Betriebsmittel, wie Programme oder Vorrangrechte. Die verfügbare CPU-Zeit kann ebenfalls als Betriebsmittel angesehen werden.

Betriebsmittel können gemeinsam von mehreren concurrenten Prozessen benutzt werden - sog. teilbare (sharable) Betriebsmittel - oder aber immer nur von einem einzigen Prozeß - sog. nichtteilbare (non sharable) Betriebsmittel. Teilbare Betriebsmittel sind z.B. Programme, wenn sie gewissen Bedingungen genügen (sog. wiedereintrittsfähige (reentrant) Programme). Ein Drucker ist dagegen nicht teilbar. Solange ein Prozeß ein nichtteilbares Betriebsmittel benutzt, befindet er sich in einem sogenannten kritischen Abschnitt. Das Betriebsmittel darf ihm dann nicht entzogen werden.

So darf ein Speicherbereich zwar i.a. von mehreren Benutzerprozessen (quasi-) gleichzeitig gelesen, nicht jedoch gleichzeitig beschrieben werden. Während der Schreiboperation hat dieser Bereich dem schreibenden Prozeß exklusiv zur Verfügung zu stehen; man sagt, der Bereich muß unter gegenseitigem Ausschluß (mutual exclusion) benutzbar sein.

2.9 Betriebsmittelverwaltung

Betriebsmittel sind meist teuer und selten im Überfluß vorhanden. Deshalb ist eine gute Auslastung der Betriebsmittel ein wichtiges Ziel der Systemprogrammierung. Die Betriebsmittelverwaltung (resource management), hat dafür zu sorgen, daß den einzelnen Prozessen genügend Betriebsmittel zugeordnet werden, daß Betriebsmittel freigegeben werden, wenn sie nicht mehr benötigt werden oder daß Betriebsmittel exklusiv benutzt werden können. Außerdem spielt auch die Fairness bei der Vergabe von Betriebsmitteln eine wichtige Rolle. Jede Aktivität muß irgendwann einmal zum Zuge kommen. Die Konkurrenz um Betriebsmittel ist der hauptsächliche Grund dafür, daß nebenläufige Aktivitäten zu koordinieren sind. Unter einem Protokoll versteht man die Gesamtheit der Vorschriften, nach denen dies jeweils erfolgt.

Anmerkung: Nebenläufige Aktivitäten sind natürlich nicht nur in der Systemprogrammierung anzutreffen. Sie entstehen z.B. immer auch dann, wenn mehrere Personen an einer gemeinsamen Aufgabe arbeiten - wie beim Betrieb eines Restaurants - oder wenn eine Person mehrere Aufgaben quasi-gleichzeitig erledigt - wie beim Betrieb einer Würstchenbude. Auch hier müssen die Betriebsmittel sinnvoll verwaltet werden. In einem Restaurant sind Herd und Kühlschrank physikalische, Rezepte und Schankerlaubnis logische Betriebsmittel. Diese sind entweder teilbar oder nicht teilbar. Einunddasselbe Rezept kann von mehreren Köchen gleichzeitig verwendet werden, nicht jedoch die Herdplatte. Ebensowenig ist die Schankerlaubnis teilbar. Nicht teilbare

Betriebsmittel müssen unter gegenseitigem Ausschluß benutzt werden können. Der Patiseur muß z.B. sicher sein können, daß das Backrohr von niemand anderem geöffnet (benutzt) wird, während sein Souffle backt. Um also das Zusammenfallen des Souffles zu verhindern, ist ein Protokoll nötig, das die Regeln für die Benutzung des Backrohrs festlegt.

3. BETRIEBSSYSTEMAUFRUFE

Betriebssystemaufrufe (Systemaufrufe, system calls, supervisor calls) bilden die Schnittstelle zwischen Betriebssystem und Anwenderprogramm. Zu den wichtigsten Betriebssystemaufrufen zählen solche für die Steuerung der Programmausführung, die Verwaltung der Betriebsmittel und die Kommunikation mit den Ein-/Ausgabegeräten.

3.1 Systemaufrufe

Systemaufrufe bewirken sogenannte Software-Interrupts und entsprechen bedingt normalen Unterprogrammaufrufen, wobei die Zieladresse jedoch nicht fest vorgegeben wird, sondern über die Angabe einer Nummer, die sogenannte Trapnummer (Trap: Falltüre), erreichbar ist. Die Trapnummer wird verwendet, um aus einer Tabelle, der Interrupt-Vektor-Tabelle, die Zieladresse auszuwählen. Der Programmierer erreicht also bildlich gesprochen das Betriebssystem durch nummerierte Falltüren; s. Abb.3.1.

Abb. 3.1 Traps

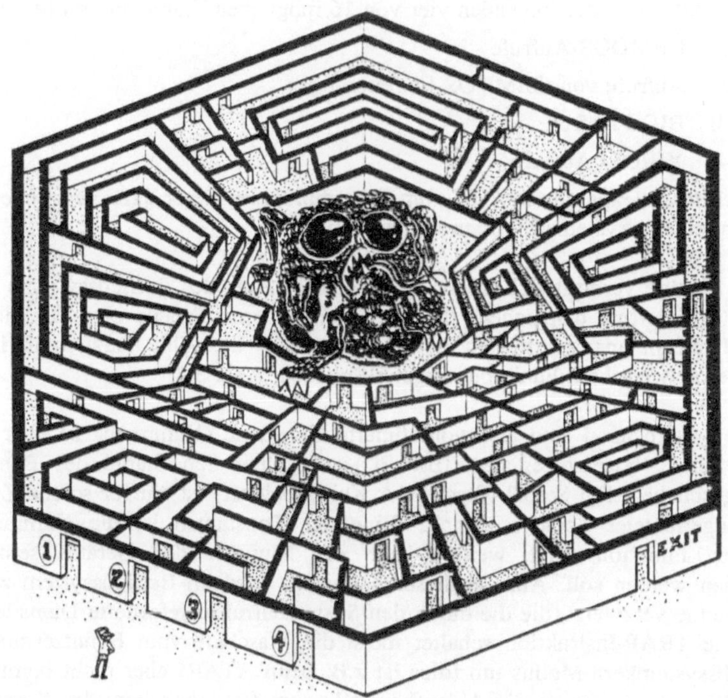

Einen Softwareinterrupt kann man durch spezielle Maschinenbefehle auslösen ("TRAP trapnummer" beim ATARI, "INT trapnummer" beim IBM-PC). Bei der Ausführung der Trap-Instruktion wird eine Kopie des Statusregisters erzeugt und der Prozessorstatus neu festgelegt und dann der Inhalt des Programmzählers und eventuell auch weiterer Register - z.B. das Statuswort - auf den Systemstapel gerettet. Anschließend wird in der Interrupt-Vektor-Tabelle der Eintrag (Interruptvektor) gesucht, der der Trapnummer entspricht, und die darin enthaltene Adresse in den Programmzähler (und evt. weitere Teile in andere Register) geladen. Dadurch wird eine Serviceroutine angesprungen, die alles weitere veranlaßt. Nach Beendigung des Systemaufrufs muß dafür gesorgt sein, daß die alten Registerzustände und der alte Prozessorstatus wiederhergestellt werden. Dafür gibt es eigene Maschinenbefehle, z.B. RTE (return from exception) beim MC68000 und IRET (interrupt return) beim Intel 8086/8088. Durch die Verwendung der nummerierten Traps erreicht man, daß bei Änderungen am Betriebssystem diese Programme nicht immer wieder auf neue, absolute Adressen umgestellt werden müssen.

Beispiel : TOS

Auf dem ATARI sind die folgenden vier von 16 möglichen Trapnummern benutzbar:

Nummer 1: GEMDOS-Aufrufe

Nummer 2: Aufrufe von GEMDOS-Erweiterungen

Nummer 13: BIOS-Aufrufe

Nummer 14: XBIOS- Aufrufe

Es gibt auch freie Trapnummern, die vom Systemprogrammierer dazu verwendet werden können, eigene Systemaufrufe zu implementieren.

Hinter der Falltüre verbirgt sich in der Regel eine Routine des Betriebssystems (Interruptverwalter, interrupt dispatcher), die aus einer weiteren Tabelle eine Funktion des über den Interrupt angesprochenen Betriebssystemteils auswählt. Dazu muß ihr die Nummer der gewünschten Funktion mitgeteilt werden; Abb. 3.2.

Mit einem Systemaufruf sind also vordefinierte Konstante (Nummern) zu übergeben. Dies kann über Prozessorregister (IBM-PC) oder über den Stapel des Benutzers (ATARI) geschehen. Ein Stapel (Stack oder Kellerspeicher) ist ein für solche Zwecke speziell eingerichteter Speicherbereich. Eine der Konstanten ist die Nummer der gewünschten Funktion. Eine weitere kann die Nummer des Gerätes sein, das angesprochen werden soll. Anhand dieser Nummern wird im Betriebssystem zu derjenigen Routine verzweigt, die die durch den Systemaufruf angeforderte Dienstleistung erbringt. Die TRAP-Instruktion schaltet meist die Maschine vom Benutzermodus in den Betriebssystemkern-Modus um (dies ist z.B. beim ATARI aber nicht beim IBM-PC der Fall) und transferiert die Ablaufkontrolle zum Betriebssystem. Im Kernmodus können Instruktionen ausgeführt werden, deren Ausführung im Benutzermodus

Abb. 3.2 Systemaufruf

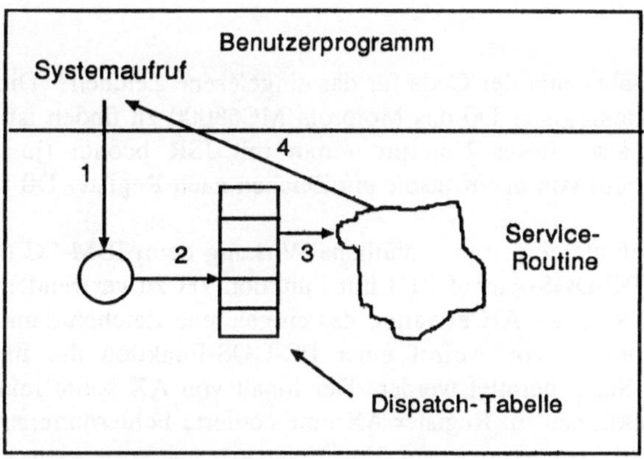

1: Systemaufruf und Auswahl der Trap
2: Auswahl der Serviceroutine
3: Aufruf der Serviceroutine
4: Rückkehr aus dem Betriebssystem

unterbunden ist. Nach Ausführung der Serviceroutine wird die Kontrolle an das Anwendungsprogramm zurückgegeben.

Abb. 3.3a zeigt den Aufruf der Funktion Nr.2 für zeichenweise Eingabe von der Tastatur. Sie gehört zum TOS-BIOS, das über die "Trap"-Nummer 13 angesprochen wird.

Abb. 3.3a TOS-BIOS-Aufruf

```
BIOS .equ 13                 Definition einer Konstanten
                             * (Trapnummer)

bconin: move.w #2,-(sp)  Gerät 2 ist die Tastatur
        move.w #2,-(sp)  Funktion 2 ist Eingabefunktion
        trap #BIOS       BIOS- Aufruf
        addq.l #4,sp     Berichtigung des Stapelzeigers
        rts              Rücksprung aus Unterprogramm
```

Die Funktion Nr. 2 erwartet eine Gerätenummer. Deshalb wird zunächst der Direktwert 2 auf den Systemstapel gebracht (move.w). Dabei bedeutet -(sp), daß der Stapelzeiger (sp: stackpointer) vor der Operation um 2 erniedrigt wird, weil ein Wort, das sind 2 Bytes, auf den Stapel gelegt werden soll. Dann wird die Funktionsnummer auf den Stapel gebracht und durch den Befehl trap #BIOS wird ein Softwareinterrupt ausgelöst, so daß das Betriebssystem die gewünschte Funktion ausführt. Danach muß der Stapel wieder aufgeräumt werden, d.h. der Stapelzeiger muß um 4 erhöht werden (addq.l), und dann wird ins aufrufende Programm zurückgesprungen (RTS: return from subroutine).

Wo befindet sich aber nun der Code für das eingelesene Zeichen? Die Konvention ist, daß dieser im Datenregister D0 des Motorola MC68000 zu finden ist. Das Anwenderprogramm kann also dieses Unterprogramm mit JSR bconin (jump to subroutine bconin) aufrufen, um von der Konsole ein Zeichen nach Register D0 einzulesen.

Die folgenden Befehle zeigen eine ähnliche Wirkung beim IBM-PC (Intel 8088/8086). Es ist dafür der PC-DOS-Aufruf 21H mit Funktion 7H zu verwenden. Die Funktionsnummer wird im Register AH erwartet; das eingelesene Zeichen dann im Register AL hinterlegt. I.a. müssen vor Aufruf einer PC-DOS-Funktion die Inhalte bestimmter Register auf den Stack gerettet werden. Der Inhalt von AX sollte immer gerettet werden, da viele Funktionen im Register AX eine codierte Fehlernummer liefern, falls ein Fehler auftritt.

Abb. 3.3b PC-DOS-Aufruf

```
COIN PROC NEAR          Prozedurbeginn
     MOV AH,7H          Laden des Registers AH
     INT 21H            Softwareinterrupt
     RET                Rücksprung
COIN ENDP               Prozedurende
```

Das vom Standardeingabegerät eingelesene Zeichen befindet sich in AL.

Wie schon erwähnt, gibt es Befehle, die nur dann ausgeführt werden können, wenn sich der Prozessor im Kernmodus (kernel mode, supervisor mode) befindet. Andernfalls würde der Aufruf dieser Befehle zu einem Abbruch des Programmlaufs führen. Dazu gehört auch der Zugriff auf bestimmte Speicherbereiche (geschützte Adressen). Um aber Aufrufe solcher Befehle auch von außerhalb des Betriebssystems zu ermöglichen, gibt es i.d.R. einen speziellen Systemaufruf, der es gestattet, Programme im Kernmodus auszuführen. In TOS ist dies der XBIOS-Systemaufruf SUPEREXEC mit der Funktionsnummer 38; siehe Abb. 3.4.

SUPEREXEC erfordert folgendes Vorgehen. Zunächst bringt man die Adresse der auszuführenden Routine auf den Stapel. Diese Routine (im Beispiel eine Routine mit Namen umfr) muß mit dem Befehl RTS abgeschlossen sein. Dann legt man die Funktionsnummer 38 auf den Stapel und ruft trap #14 auf. Abschließend muß wieder der Stapelzeiger berichtigt werden.

Abb. 3.4

```
XBIOS .equ  14

superexec: move.l #umfr,-(sp)  Übergabe der Adresse
           move.w #38,-(sp)    Funktionsnummer
           trap   #XBIOS       XBIOS-Aufruf
           addq.l #6,sp        Stapel aufräumen
           rts
```

Ein Anwendungsbeispiel soll die Verwendung dieses Systemaufrufs veranschaulichen. Das im Kernmodus ausgeführte Unterprogramm besteht hier nur aus zwei Befehlen:

```
* Umschalten der Bildschirmwechselfrequenz
* Datei UMFR.S

      .TEXT
FrAdr .equ $FFFF820A    enthaelt die Frequenz
XBIOS .equ 14
SEXEC .equ 38

start:
superexec: move.l #umfr,-(sp)
           move.w #SEXEC,-(sp)
           trap #XBIOS
           addq.l #6,sp
           rts
           jmp term  Programmbeendigung s.Kap. 3.3

umfr:      bchg #1,FrAdr
           rts

      .END
```

In TOS werden die Parameter für Systemaufrufe, wie wir gesehen haben, auf dem Stack und nicht in Registern wie bei MS-DOS bzw. PC-DOS übergeben; vgl. dazu auch Kapitel 4.3. Letzteres wäre effizienter. Andererseits ermöglicht TOS eine einfache Benutzung der Systemaufrufe durch höhere Sprachen, da die Art und Weise der Parameterübergabe derjenigen bei Unterprogrammaufrufen entspricht. Die Systemroutinen lassen sich nämlich z.B. von C aus über einen einfachen Trap-Handler erreichen; Abb. 3.5.

Abb. 3.5

C - Aufruf: (XX stehe für eine Trapnummer)

```
ergebnis =
trapXX(Funktionsnummer,1.Param.,2.Param.,...);
```

Der Trap-Handler hat hier folgende einfache Gestalt:

```
* Trap - Handler
         .text
_trapXX: move.l (sp)+,save    RA retten
         trap   #XX
         move.l save,-(sp)    RA restaurieren
         rts

         .bss
save     ds.l 1               Platz für RA
         .end
```

Bei einem Aufruf der C-Routine werden zunächst die Parameter und die Funktionsnummer auf den Stapel gebracht. Dann wird in den Trap-Handler gesprungen. Vor Aufruf der Trap-Instruktion hat der Stapel dann einen Inhalt, wie er von der Systemroutine erwartet wird; vgl. Abb. 3.6. Der Programmzählerstand, d.h. die Rücksprungadresse RA, wurde zuvor nach "save" gerettet. (Das Holen der Parameterwerte vom Stack und das Laden von Registern durch den Tap-Handler entfällt hier).

Abb. 3.6 Stapelinhalt

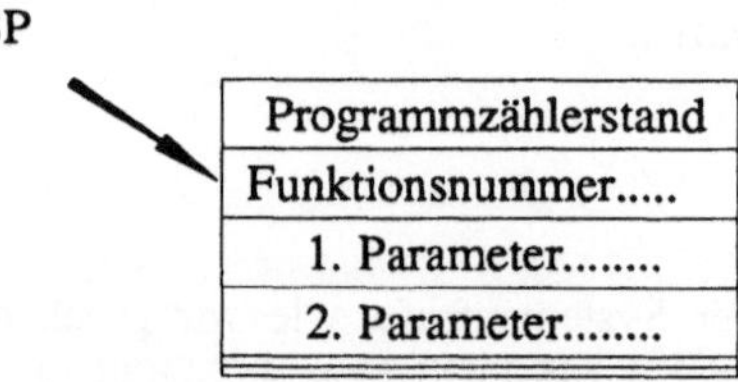

Eine dritte Möglichkeit der Parameterübergabe ist, die Parameter im Programm direkt nach dem Systemaufruf anzugeben. Damit zeigt der auf den Stapel gerettete Programmzählerwert auf den Anfang des Parameterbereichs. Die Parameter können dann von dort ins Unterprogramm übernommen werden. Nach der Übernahme der Parameter muß dann nicht der Stapelzeiger sondern die Rücksprungadresse in das aufrufende Programm korrigiert werden.

3.2 Architektur einer Zentraleinheit

In den Beispielen haben wir gesehen, daß es zuweilen notwendig ist, bestimmte Register der Zentraleinheit anzusprechen, sei es, um ihren Inhalt zu erfahren oder um ihn zu ändern. Es ist also nützlich, die Architektur der Zentraleinheit der verwendeten Zielmaschine wenigstens im Groben zu kennen. Als Beispiele wollen wir uns den Mikroprozessor MC68000 von Motorola sowie die Registerstruktur des INTEL 8086/8088 ansehen.

Der Prozessor-Chip MC68000 von Motorola ist mit seinen Anschlüssen (Pins) in Abbildung 3.7 dargestellt.

Abb. 3.7 MC68000 (Quelle [Löh])

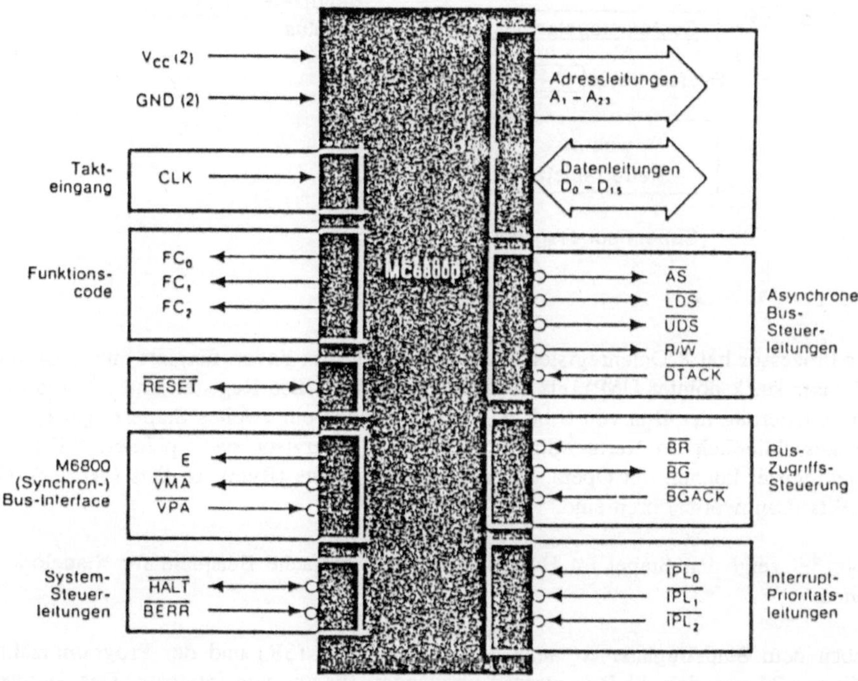

Abbildung 3.8 zeigt die Registerstruktur des MC68000.

Abb. 3.8

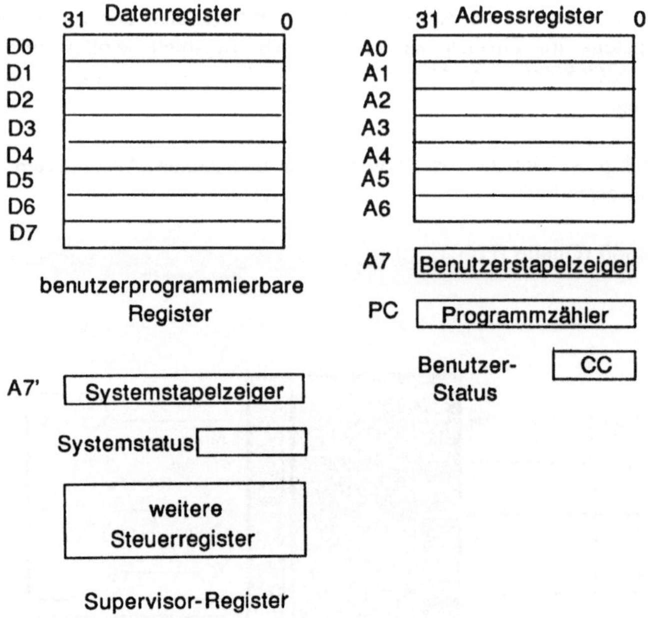

Der Prozessor hat 8 Datenregister und 8 Adressregister; davon fungiert eines, nämlich A7 (user stack pointer USP), als Stapelzeigerregister. Die Register sind 32 Bits breit (Nummerierung der Bits von 0 bis 31). Es gibt noch ein zweites Stapelzeigerregister, das ausschließlich im Kernmodus benutzt wird (supervisor stack pointer: SSP). Die Datenregister können mit Operanden arbeiten, die 8 Bits (Byte), 16 Bits (Wörter) oder 32 Bits (Langwörter) breit sind.

Abb. 3.9 zeigt den Stapel im Hauptspeicher und einfache Beispiele für Stapeloperationen.

Neben dem Stapelregister ist auch das Statusregister (SR) und der Programmzähler (PC: nur 24 von den 32 Bits werden verwendet) für uns von Interesse. Das Statusregister hat eine Breite von 16 Bits, es enthält das sogenannte Anwender-Byte (CCR: condition code register) und das System-Byte; vgl. Abb. 3.10. Der Wert des Supervisor-Bits 13 bestimmt den Modus des Prozessors (S=1 Kernel Mode, S=0 User

Abb. 3.9 Stapel

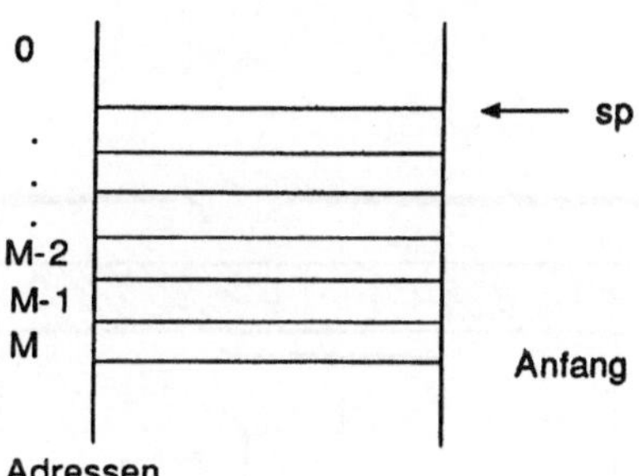


```
move.w new,-(sp)  push: bringe Wort auf den Stapel
move.w (sp)+,D0   pop: hole vom Stapel nach Reg. D0

move.l new -(sp)  push: bringe Langwort auf Stapel
addq.l #4,sp      pop: entferne von Stapel
```

Mode). Im User-Mode kann SSP und umgekehrt im Kernel-Mode USP nicht erreicht werden. Das Trace-Bit 15 bringt, wenn gesetzt, den Prozessor in den sogenannten Einzelschritt-Modus (T=1), in dem nach jeder Instruktion eine Ausnahme ausgelöst wird. Dieser Modus dient vor allem für das Debuggen von (System-) Programmen. Der Inhalt des Statusregisters kann nur im Kern-Modus verändert werden.

Abbildung 3.11 zeigt einen sogenannten Register-Transfer-Graph des MC68000. Er repräsentiert den Datenfluß zwischen den Registern bei Aufruf der Maschinenbefehle. Die Kreise repräsentieren ein oder mehrere Register, die Kanten den Transfer von Daten durch Maschinenbefehle. In und Out repräsentieren dabei den Hauptspeicher. Das Modell läßt z.B. erkennen, zwischen welchen Registern ein Datentransfer möglich ist und kann dazu verwendet werden, Testroutinen zu entwickeln, mit denen sich die Operationen des Chips überprüfen lassen.

Abb. 3.12 zeigt im Vergleich dazu die Registerstruktur des Intel 8086/8088 Prozessors [Nor]. Er hat 12 Register, die in 3 Gruppen `a 4 Register eingeteilt werden können und 16 Bit breit sind. Die allgemeinen Register AX, BX, CX und DX sind zweigeteilt in ein höherwertiges (H)- und ein niederwertiges (L)-Byte. Das Laden der höherwertigen Bytes ändert den Inhalt der niederwertigen Bytes nicht und umgekehrt. Die zweite Gruppe besteht aus vier sogenannten Zeigerregistern, wie z.B. dem Stapelzeigerregister (SP). Die dritte Gruppe besteht aus den Segmentregistern. Daneben gibt es noch das Flags-Register (Statusregister), das u.a. den Bedingungscode (die Statusflags) und ein Bit enthält, welches anzeigt, ob Interrupts zugelassen sind. Der Intel-Prozessor kennt nur einen Operationsmodus.

Abb. 3.10 Statusregister

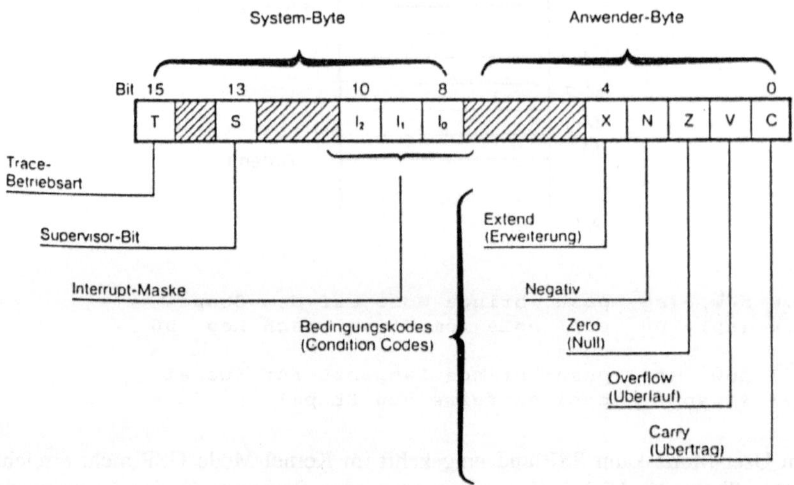

Abb. 3.11 Registertransfer-Graph

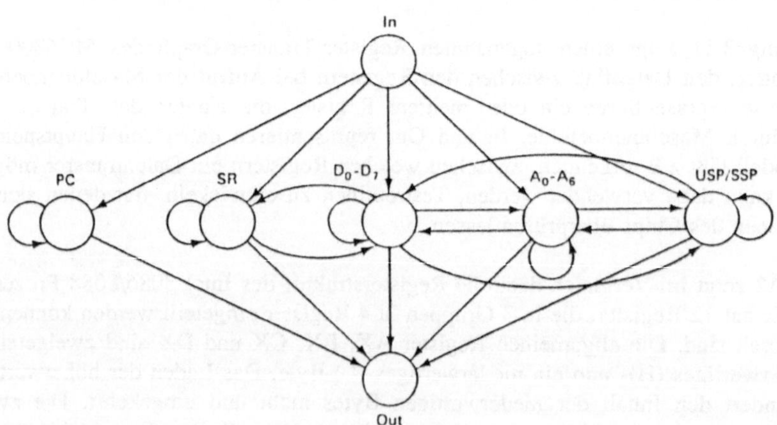

Zu einem Rechner gehören außer dem Prozessor natürlich noch eine Reihe weiterer Funktionsbausteine, so z.B. Eingabe-Ausgabeschnittstellen, Bustreiber oder Interruptlogik. In Abb. 3.15 ist als ein Beispiel das Blockschema eines Rechners (SCC68070) wiedergegeben, der auf einem einzigen Chip Platz hat.

Abb. 3.12 Register des 8086

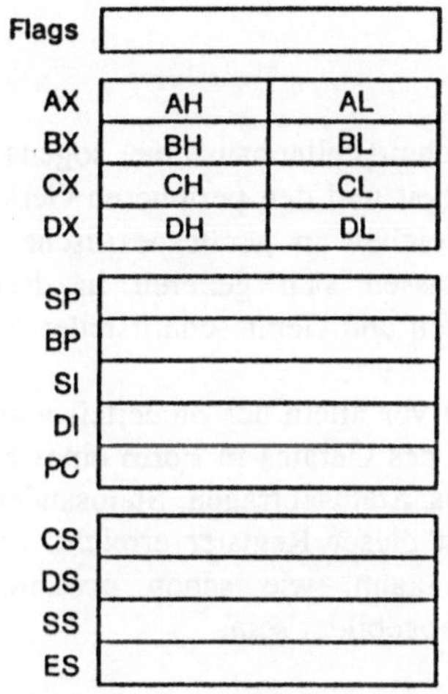

Flags		
AX	AH	AL
BX	BH	BL
CX	CH	CL
DX	DH	DL
SP		
BP		
SI		
DI		
PC		
CS		
DS		
SS		
ES		

Der MC68000 hat sechs Prioritätsstufen für Interrupts - entsprechend den drei Interrupt-Prioritätsleitungen (Stufe 0 bedeutet "kein Interrupt"). Interrupts mit der höchsten Priorität sind nicht maskierbar. Im Instruktionssatz des MC68000 gibt es keine eigenen Befehle für die Kommunikation mit anderen Systemkomponenten. Deren Register werden wie Hauptspeicherzellen über Lese- und Schreibbefehle angesprochen (move-Instruktionen); sie sind "speicherabgebildet (memory mapped)".

Der 8086/8088 Chip hat nur eine Leitung für Interruptsignale. Zur Unterscheidung von Interrupt-Prioritäten ist deshalb eine gesonderte Interruptlogik notwendig. Der Chip kommuniziert mit anderen Systemkomponenten, indem er spezielle Byte-Befehle (IN,OUT) ausführt. Den Komponenten sind I/O-Adressen zugeordnet. Diese gehören zu einem separaten Adressraum und stehen in keinerlei Beziehung zu Hauptspeicheradressen. Ein Beispiel für die Ausgabe eines Bytes zeigt Abb. 3.13. Diese Routine erwartet auf dem Stapel eine sogenannte I/O-Portnummer und das auszugebende Byte. Ein separater I/O-Adressraum erfordert die Zwischenverwendung von CPU-Registern.

Abb. 3.13

```
_portout: PUSH BX            Rette BX
          MOV BX,SP          Hole Stapelzeiger nach BX
          PUSH AX            Rette AX
          PUSH DX            Rette DX
          MOV DX,4(BX)       DX hält die Portnummer
```

```
MOV AX,6(BX)      AX hält das Byte
OUT
POP DX            Restauriere Register
POP Ax
POP BX
RET
```

In der Regel stellen dedizierte Schnittstellenbausteine, sogenannte Controller, die Verbindung zwischen der Zentraleinheit und den peripheren Geräten her. Ihre Aufgabe ist es, I/O-Kommandos der Zentraleinheit in gerätespezifische Steuerfunktionen umzusetzen. Schnittstellenbausteine lassen sich generell in drei funktionale Schichten gliedern: Busschnittstelle, Steuerteil und Geräteschnittstelle; Abb. 3.14.

Für den Systemprogrammierer ist vor allem der Steuerteil von Bedeutung. Er stellt für ihn eine einheitliche Abstraktion des Gerätes in Form eines Satzes von Registern dar. Operationen, wie I/O-Kommandos, Statusabfragen, Statusänderungen, etc., werden einfach durch Schreiben und Lesen dieser Register erreicht. Ein Satz solcher Register wird I/O-Port genannt. Dieser kann, wie schon erwähnt, in einem separaten Adressraum liegen oder speicherabgebildet sein.

Abb. 3.14 Struktur eines I/O-Schnittstellenbausteins

System-Bus

Adressierungslogik Bustreiber
Daten-, Steuer- und Statusregister
Signalkonditionierung gerätespezifischer Teil

Gerät

Abb. 3.15 SCC68070 von Signetics

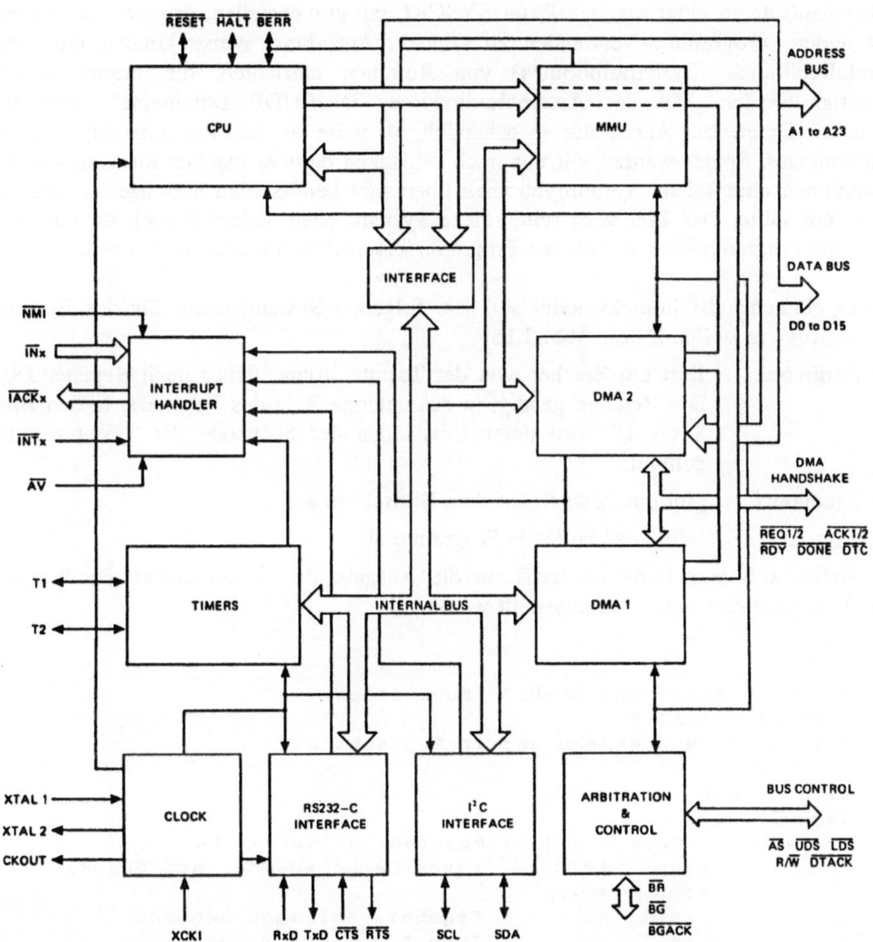

3.3 Beispiele für Systemaufrufe

Wir wollen nun das bisher besprochene anwenden und ein kleines Systemprogramm für den ATARI entwickeln. Dabei wollen wir modular vorgehen und die benötigten Systemaufrufe in einer eigenen Datei SYSCAL zusammenstellen, um sie später auch für andere Programme verwenden zu können. Auf diese Weise können wir eine Modulbibliothek (Systembibliothek) von Routinen einrichten, die immer wieder benötigt werden. Mit der Assemblerdirektive "INCLUDE Dateiname" wird die genannte Datei vom Assembler so behandelt, als wäre sie Teil des aufrufenden Programmtextes. Später werden wir uns noch Gedanken darüber machen müssen, welche Funktionen eine solche Systembibliothek überhaupt bereitstellen und wie sie strukturiert sein sollte. Das Ziel wird sein, solche Systemdienste jederzeit auch für das systemnahe Programmieren in höheren Programmiersprachen anbieten zu können.

Unser einfaches Bibliotheksmodul soll u.a. folgende Systemaufrufe für das Beispiel zur Verfügung stellen [Nie]; Abb. 3.16:

Nr.7 (dircon) liest ein Zeichen von der Tastatur (ohne Echo) nach Register D0. Das Zeichen gelangt in das unterste Byte des Registers. In den Bits 8 bis 15 wird unter Umständen der Scancode der Tastatur mitgeliefert.

Nr.2 (conout) gibt ein Zeichen auf dem Bildschirm aus.

Nr.0 (term) bricht das laufende Programm ab.

Zusätzlich soll eine Funktion (crlf) für die Ausgabe der Steuerzeichen für Wagenrücklauf/Zeilenvorschub bereitgestellt werden.

Abb. 3.16

```
* Einige BIOS - und GEMDOS - Funktionen
* Datei SYSCAL.S
* Eingaben und Ergebnisse in Register D0

BIOS    .equ  13
GEMDOS  .equ  1
bconstat  move.w #1,-(sp) Pruefen, ob Geraet bereit
          trap   #BIOS    zuvor Geraetenummer auf Stapel
          addq.l #4,sp
          tst.l  D0       Ergebnis abfragen aendert
          rts             Inhalt von CCR nicht
bconin    move.w #2,-(sp) Zeichen von Geraet einlesen
          trap   #BIOS    zuvor Geraetenummer auf Stapel
          addq.l #4,sp
          rts
conout    move.w D0,-(sp) Ausgabe eines ASCII-Zeichens
          move.w #2,-(sp)
          trap   #GEMDOS
          addq.l #4,sp
```

```
          rts

bconout   move.w #3,-(sp) zuvor Geraetenummer und
*                         Zeichen auf Stapel
          trap   #BIOS
          addq.l #6,sp
          rts

dircon    move.w #7,-(sp) Zeichen von Tastatur lesen
          trap   #GEMDOS  ohne Echo
          addq.l #2,sp
          rts

printline move.l D0,-(sp) Ausgabe einer Textzeile
          move.w #9,-(sp) zuvor Zeiger auf Text nach D0
          trap   #GEMDOS  Text mit 0 abschliessen
          addq.l #6,sp
          rts

writeln   move.l #wrln,-(sp) Neue Zeile
          move.w #9,-(sp)
          trap   #GEMDOS
          addq.l #6,sp
          rts
crlf      move.w #$0D,D0  Ausgabe von cr - lf
          bsr.b  conout   newline,writeline
          move.w #$0A,D0
          bsr.b  conout
          rts
term      clr.w  -(sp)    Programm beenden
          trap   #GEMDOS  mit jmp aufrufen

wrln      .dc.w  13,10,0
```

Und nun zu unserem Beispiel. Es soll für jede Taste den hexadezimalen Code (als ASCII-Zeichen) und den sogenannten Scancode ausgeben; Abb. 3.17. Manche Tastaturcodes unterscheiden sich nämlich nur in diesem zweiten Teil. Die Kommentare erläutern die Funktion der einzelnen Programmteile.

Abb. 3.17

```
* Datei DEKO.S
* Dekodierung des Tastaturcodes
* Abbruch mit Control- C

      .TEXT

leer  .equ $20
ctrlc .equ $03

hauptpr jsr dircon        Zeichen holen
```

```
        cmpi.b #ctrlc,D0   Programm abbrechen?
        beq.b  aus         Wenn ja, Sprung nach aus
        move.l D0,-(sp)    Wert von D0 sichern
        bsr.b  hexout      Ausgabe des ASCII- Codes
        move.w #leer,D0
        jsr conout         und eines Zwischenraums
        move.l (sp)+,D0    Scancode im Register D0
        swap D0            bereitstellen (zweites Byte)
        bsr.b  hexout      und ausgeben
        jsr crlf           Zeilenvorschub
        bra.b  hauptpr     naechstes Zeichen holen

aus     jmp  term

hexout  move.w D0,-(sp)    Inhalt von D0 sichern
        lsr.b  #4,D0       High-Teil des Byte isolieren
        bsr.b  corr        und ausgeben
        move.w (sp)+,D0    Inhalt von D0 zurueckholen
        andi.b #$0F,D0     Low-Teil des Byte isolieren
corr    ori.w  #$30,D0     ASCII-Ziffer
        cmpi.b #$3A,D0     groesser '9' ?
        bcs.b  out         Wenn nein, Ausgabe
        addq.b #7,D0       Sonst Korrektur fuer Hex A-F
out     jsr conout
        rts

       .INCLUDE SYSCAL.S
       .END
```

Anmerkung: Die Instruktion lsr.b #y,Dx bewirkt eine y-malige logische Rechtsverschiebung der Bits in Register Dx. Von links werden Nullen nachgeschoben. Um das Programm vollständig verstehen zu können, muß man natürlich den ASCII-Code kennen; Abb. 3.19. (So ist z.B. das Bit-Muster 00111010 in das Muster 01000001 für A umzuwandeln, was der Addition mit 00000111, also 7, entspricht). Die jeweilige Ausgabeposition ist die des Cursors. Nach der Ausgabe wird die Cursorposition intern neu berechnet.

Dem C-Programmierer steht in der Regel eine C-Schnittstelle für solche Systemaufrufe zur Verfügung, d.h. er kann in seinen Programmen in C aufrufbare Funktionen verwenden, die dann die von ihm gewünschten Systemaufrufe bewirken. Dazu ein Beispiel; Abb. 3.18.

Abb. 3.18

Systemaufruf - Schnittstelle:

```
Bconout(dev,c)
int dev,c;
```

Systemaufruf:

```
/* Beispiel für Textausgabe
** Bconout.c
*/
#include <osbind.h>
#define console 2

print(text)
  char *text;
{
  register char c;
  while ((c = *text++) != 0){
      Bconout(console,c);
  }
}
```

Anmerkung: *text ist eine Zeigervariable vom Basistyp char und register eine Speicherklasse (s. Kap. 4). Ferner ist = die Zuweisung, != die Ungleichrelation und ++ der (Post-) Inkrementoperator.

Im nächsten Kapitel sollen nun die Grundlagen für die Schaffung einer Bibliothek von Systemdiensten für höhere Programmiersprachen erörtert werden. Dabei wird neben dem bereits erwähnten Hierarchisierungskonzept (Schichtenmodell) auch das Modularisierungskonzept eine wichtige Rolle spielen.

Abb. 3.19 ASCII-Tabelle

654 / 3210	000	001	010	011	100	101	110	111
0000	NUL	DLE	SPACE	0	@	P	`	p
0001	SOH	DC1	!	1	A	Q	a	q
0010	STX	DC2	"	2	B	R	b	r
0011	ETX	DC3	#	3	C	S	c	s
0100	EOT	DC4	$	4	D	T	d	t
0101	ENQ	NAK	%	5	E	U	e	u
0110	ACK	SYN	&	6	F	V	f	v
0111	BEL	ETB	'	7	G	W	g	w
1000	BS	CAN	(	8	H	X	h	x
1001	HT	EM	)	9	I	Y	i	y
1010	LF	SUB	*	:	J	Z	j	z
1011	VT	ESC	+	;	K	[	k	{
1100	FF	FS	,	<	L	\	l	|
1101	CR	GS	-	=	M	]	m	}
1110	SO	RS	.	>	N	^	n	~
1111	SI	US	/	?	O	—	o	DEL

Bitpositionen:

6	5	4	3	2	1	0

Steuerzeichen:

NUL	Null/Idle	SI	Shift in
SOH	Start of header	DLE	Data link escape
STX	Start of text	DC1-DC4	Device control
ETX	End of text	NAK	Negative acknowledgement
EOT	End of transmission	SYN	Synchronous idle
ENQ	Enquiry	ETB	End of transmitted block
ACK	Acknowledgement	CAN	Cancel (error in data)
BEL	Audible signal	EM	End of medium
BS	Back space	SUB	Special sequence
HT	Horizontal tab	ESC	Escape
LF	Line feed	FS	File separator
VT	Vertical tab	GS	Group separator
FF	Form feed	RS	Record separator
CR	Carriage return	US	Unit separator
SO	Shift out	DEL	Delete/Idle

4. MODULARE SYSTEMPROGRAMMIERUNG

Ein wichtiger Aspekt der Softwarekonstruktion und damit auch der Systemprogrammierung ist die Gliederung von Programmen in überschaubare, möglichst unabhängige, funktionelle Einheiten. Genügen diese Programmeinheiten folgenden Anforderungen, dann werden wir sie als Moduln bezeichnen.

- Jedes Modul ist für eine Gruppe von zusammengehörenden Dienstleistungen zuständig, die es seiner Umgebung, d.h. anderen Moduln, zur Verfügung stellt (Zuständigkeit).
- Moduln sind überschaubare, voneinander weitgehend unabhängige und separat compilierbare Teile eines Programms (separate Compilierung).
- Die Trennung der Definitionen der in ihnen enthaltenen Objekte von deren Realisation (Implementierung) gestattet es, Implementierungsdetails vor dem Benutzer zu verbergen (Geheimnisprinzip).

4.1 Das Modulkonzept

Die Dienstleistungen eines Moduls werden in seinem Definitionsteil beschrieben. Dieser Teil macht die Namen und Typen der zur Verfügung gestellten - d.h. exportierten - Objekte, wie Konstanten, Variablen oder Prozeduren, allgemein bekannt. Er ermöglicht so ihre Verwendung in anderen Programmteilen. Dabei lassen sich diese Programmteile bei ihrer Compilierung unabhängig von der Implementierung der importierten Objekte auf syntaktische Korrektheit und Typenverträglichkeit überprüfen. Der Definitionsteil bildet sozusagen die Schnittstelle (Interface) des Moduls zu seiner Umgebung; Abb. 4.1. Diese Schnittstelle sollte, um gegenseitige Abhängigkeiten zu reduzieren, so schmal wie möglich sein. Der Definitionsteil macht keine Aussagen darüber, wie die exportierten Objekte realisiert sind (Geheimnisprinzip). Für deren Realisierung ist allein der zugehörige Implementationsteil des Moduls zuständig. Dort werden die Modulobjekte auch, falls nötig, initialisiert.

Was erreicht man mit diesem Modulkonzept?

(1) Es können damit Zuständigkeiten innerhalb eines Teams von Programmierern klar definiert werden. I.a. genügt es, die Definitionsteile der benötigten Module festzulegen. Das Ausformulieren der zugehörigen Implementationsteile kann gänzlich dem jeweils zuständigen Teammitglied - dem Modulautor - überlassen bleiben, ebenso das Austesten des Moduls. Das Geheimnisprinzip vergrößert somit den Entscheidungsspielraum des Modulautors.
D.L. Parnas [Par] bemerkt dazu: "Ein Modul ist weniger als Unterprogramm, sondern vielmehr als Zuständigkeitsbereich anzusehen. Modularisieren schließt Entwurfsentscheidungen mit ein, die getroffen werden müssen, bevor die eigentliche Arbeit an unabhängigen Moduln beginnen kann."

Abb. 4.1

Schnittstelle	Definitionsteil: Deklaration der vom Modul exportierten Typen, Konstanten, Prozeduren etc.
Realisation	Implementationsteil: Realisation der vom Modul exportierten und privat benötigten Typen, Konstanten, Prozeduren etc. Initialisierung

(2) Das Zusammenpacken von Datenstrukturen und zugehörigen Operationen in ein Modul ermöglicht es, komplexe anwendungsspezifische Strukturen zu entwerfen und mit diesen in einfacher Weise umzugehen. Denn die Schnittstellen dieser Strukturen abstrahieren von Details, die für das Verständnis unnötig sind und eher verwirren.

(3) Wir erhalten durch Modularisierung eine übersichtliche, änderungsfreundliche Programmstruktur. Solange die Schnittstellen beibehalten werden, lassen sich Implementationsteile durch andere ersetzen, ohne daß dann das gesamte Programm neu übersetzt werden müßte.

Der Nutzen einer Modularisierung kommt aber erst voll zum Tragen, wenn sie mit dem Ziel vorgenommen wird, eine hierarchische Gliederung des Programms in Module unterschiedlichen Abstraktionsniveaus (Schichten) zu gewinnen. Man handelt sich dann zugleich den Vorteil ein, auch nur Teile der Modul-Hierarchie, bestimmte Schichten also, verwenden zu können; Abb. 4.2. (Hier bedeutet ein Pfeil von M1 nach M2, daß Modul M2 Objekte benutzt, die in Modul M1 definiert sind). Hierarchisierung ist also meist das übergeordnete Strukturprinzip. Jede Schicht (virtuelle Maschine) besteht aus einer Menge von Moduln gleicher Abstraktionshöhe. In einer solchen Modulhierarchie importiert jeder Modul nur aus ihm untergeordneten Moduln. Mit den Objekten untergeordneter Moduln lassen sich dann im übergeordneten Modul komplexere Objekte konstruieren.

Abb 4.2

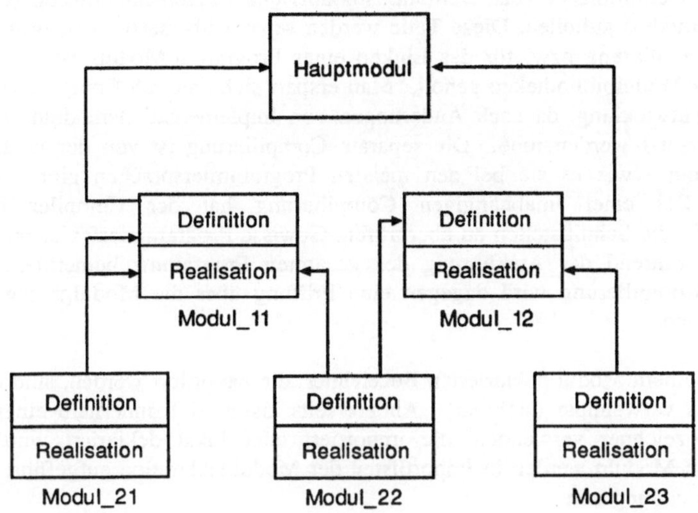

4.2 Moduln in Modula-2 und C

Modula-2 ist eine Weiterentwicklung von Pascal. Diese Programmiersprache wurde für die Programmierung größerer Systeme entworfen. Ihr Sprachumfang und ihre Schnittstelle zum Laufzeitsystem bieten auch eine hinreichende Grundlage für die Systemprogrammierung, insbesondere für die Programmierung concurrenter Aktivitäten. Darauf aufbauend lassen sich in Modula-2 systemnahe Dienstprogramme und sogar ganze Betriebssysteme realisieren.

Ein Modula-Programm stellt also in der Regel eine Hierarchie aus mehreren Moduln dar. Zu dieser Hierarchie gehören das Hauptmodul (main modul) und alle von ihm direkt oder indirekt importierten Moduln. Das Hauptmodul enthält meist auch sogenannte lokale Moduln und importiert praktisch immer Programmobjekte aus externen Moduln (z.B. aus dem Modul InOut).

Der Zweck lokaler Moduln ist eine sinnvolle Strukturierung des Hauptmoduls (oder auch eines Implementationsmoduls) und das Verbergen von Details der in den lokalen Moduln deklarierten Objekte. Lokale Moduln legen nämlich Sichtbarkeitsbereiche für Bezeichner fest. Für unsere Zwecke wichtiger ist jedoch die Möglichkeit, externe (globale, separate) Moduln zu kreieren. Denn Moduln für eine Programmbibliothek werden vernünftigerweise als separate Moduln in compilierter, linkbarer Form aufbewahrt. Sie sind so ausgelegt, daß sie sich in mehreren Programmen verwenden lassen. Die Voraussetzung dazu ist in Modula-2 gegeben. Ein externes Modul läßt sich nämlich in Definitionsteil (das Definitionsmodul) und Implementationsteil (das Implementationsmodul) aufteilen. Diese Teile werden separat übersetzt. Erst, wenn man sie für die Compilierung bzw. für das Linken eines Programm-Moduls benötigt, werden sie aus den Modulbibliotheken geholt. Man erspart sich dadurch Compilierzeit bei der Programmentwicklung, da nach Änderungen von Implementationsmoduln nicht alles erneut übersetzt werden muß. Die separate Compilierung ist von der unabhängigen Compilierung - wie es sie bei den meisten Programmiersprachen gibt - zu unterscheiden. Bei einer unabhängigen Compilierung hat der Compiler nicht die Möglichkeit, die Schnittstellen zu überprüfen. Gewisse Programmierfehler machen sich dann erst während der Ausführung des gesamten Programms bemerkbar. Bei der separaten Compilierung wird dagegen eine Prüfung über die Modulgrenzen hinweg vorgenommen.

Nur die in einem Modul deklarierten Bezeichner, die exportiert werden, sind außerhalb des Moduls verwendbar (sichtbar). Andererseits lassen sich innerhalb eines Moduls nur die Bezeichner verwenden, die importiert oder lokal deklariert wurden. Die importierten Moduln werden in Importlisten der Moduldeklaration aufgeführt und zwar durch Verwendung von

IMPORT Modulname.

Objekte externer Moduln, die in der Importliste nicht aufgeführt werden, sind im Modulinneren nicht bekannt.

Ein Modul enthält neben dem Deklarationsteil meist auch einen Anweisungsteil. In diesem Anweisungsteil werden in der Regel lokale Variablen initialisiert. Die Anweisungsteile der Moduln werden in der Reihenfolge abgearbeitet, in der die Moduln importiert werden - und zwar bevor der Anweisungsteil des Hauptmoduls durchlaufen wird. Die zu einem Modul lokalen Programmobjekte existieren, d.h. ihre Werte sind definiert, solange die Modulumgebung existiert.

Mit diesem Konzept lassen sich drei wichtige Ziele verwirklichen: das Geheimnisprinzip (durch textuelle Trennung von Definitions- und Implementationsmodul und Einschränkung von Sichtbarkeitsbereichen), die hierarchische Strukturierung eines Programmes und die Vermeidung von Namenskonflikten.

Es soll nun die Modula-2-Syntax für Moduln näher erläutert werden. Ein externes Modul hat folgende Gestalt:

```
DEFINITION MODULE Name;
(* Schnittstelle des externen Moduls *)
     Importlisten;
     Deklaration der exportierten Objekte
END Name.
```

```
IMPLEMENTATION MODULE Name;
(* Realisierung der exportierten Objekte *)
    Importlisten;
    Definition der exportierten Objekte;
    Definition der lokalen Objekte
BEGIN
    Initialisierung der lokalen und exportierten Objekte
END Name.
```

Definitionsmoduln exportieren nur qualifiziert, d.h. der Modulname muß mitangegeben werden, z.B. Random.RandomCard, denn in der Regel werden externe Moduln von verschiedenen Programmierern entwickelt, denen es erlaubt sein sollte, unabhängig voneinander Namen zu vergeben. Der Zwang zur Qualifizierung kann aber beim Import durch die zweite Form von Importlisten rückgängig gemacht werden; z.B. durch

FROM InOut IMPORT WriteLn,Write;

Die derart importierten Bezeichner müssen nicht mehr qualifiziert werden. Dies kann unter Umständen wieder zu Namenskonflikten führen, die sich jetzt jedoch - da die Namen bekannt sind - leicht vermeiden lassen. Wird nur der Modulname importiert, müssen qualifizierte Namen verwendet werden.

Im folgenden Beispiel ist ein einfaches, (jedoch nützliches) externes Modul (Definitions- und Implementationsteil) wiedergegeben, das zufällige ganze Zahlen erzeugt.

Abb. 4.3

```
DEFINITION MODULE Random;

PROCEDURE RandomCard(A,B:CARDINAL):CARDINAL;
(* A ist obere, B untere Grenze des Intervalls
   aus dem die Pseudo-Zufallszahlen entnommen werden *)

END Random.

IMPLEMENTATION MODULE Random;
(* Zufallszahlen nach der Kongruenzmethode *)
FROM InOut IMPORT WriteString,WriteLn,WriteCard,ReadCard;

CONST Modulus =32749;Faktor = 32749;Inkrement = 3;
VAR   Seed:CARDINAL;

PROCEDURE RandomCard(A,B:CARDINAL):CARDINAL;
VAR random:REAL;
BEGIN
   Seed   := (Faktor * Seed + Inkrement) MOD Modulus;
   random := FLOAT(Seed)/FLOAT(Modulus);
   random := random * (FLOAT(B)-FLOAT(A)+1.0) + FLOAT(A);
```

```
   RETURN TRUNC(random)
END RandomCard;

BEGIN (* Initialisierug des Startwertes *)
   WriteString('Zufallszahlen');WriteLn;
   WriteString(' Startwert ? ');
   ReadCard(Seed);WriteLn
END Random.
```

Anmerkung: In der ersten Version von Modula-2 mußten in den Definitionsmoduln die exportierten Objekte in einer eigenen Exportliste aufgeführt werden. Deshalb ist die Exportliste bei manchen Modula-Compilern erforderlich oder zugelassen.

Die Programmiersprache C kennt das Modulkonzept, wie wir es hier vorgestellt haben, nicht. C-Programme können aber externe Bibliotheken importieren (mit dem Präprozessoraufruf "include"); Abb. 4.4a. Alle extern deklarierten Objekte lassen sich in unabhängig compilierten C-Programmen verwenden. Extern deklarierte Variable existieren permanent; sie sind nicht an die "Lebensdauer" von Funktionsaufrufen gebunden. Die Deklaration externer Funktionen spezifiziert deren Namen und den Typ des Rückgabewertes. (Das Schlüsselwort "extern" aus C entspricht somit je nach Verwendung den Schlüsselworten EXPORT und IMPORT aus Modula-2). C nimmt jedoch immer an, daß ein Objekt extern deklariert wurde, wenn seine Deklaration nicht in der zu compilierenden Datei gefunden werden kann. Soll dagegen ein Objekt nach außen verborgen bleiben, so ist das Schlüsselwort "static" zu verwenden. C kennt keine strenge Typenbindung.

Abb. 4.4a Verwendung externer Namen (Quelle [KeR])

```
/* Beispiel für Verwendung externer Namen
** dsize.c
*/

#include <stdio.h>
#include <string.h>
#define PUFFER  256

main(argc, argv)          /* Größen von Dateien ausgeben */
int argc;
char *argv[];
{
extern  int fsize();      /* IMPORT fsize                 */
 char buf[PUFFER];        /* Die Argumente werden an fsize */
      if (argc == 1) {    /* in einem Puffer übergeben    */
            strcpy(buf,".");
            fsize(buf);
      } else
           while (--argc > 0) {
            strcpy(buf,*++argv);
```

```
                fsize(buf);
                /* Funktion fsize gibt die Größe der Datei
                   bzw. der Dateien eines Katalogs aus */
            }
}
```

Abb. 4.4b zeigt ein Schnittstellen-Modul in C, das einige nützliche Konstanten, Typen und Funktionsnamen exportiert.

Abb. 4.4b Vereinbarungen

```
/* DEFINITIONEN
** meineDef.h
*/

/* Konstanten  */

#define EXIT 1
#define PUFFER 256

/* Struktur: Baum  */

struct node {
        int data;
        struct node *left;
        struct node *right;
};

/* Typ Deklaration */

typedef struct node NODE_ARRAY[25];

/* externe Funktions- Deklarationen */

extern int array_mult();  /* EXPORT */
extern double *Trig();
```

Mit Typendefinitionen, typedef, lassen sich Portabilitätsprobleme umgehen, indem maschinenabhängige Datentypen umbenannt werden. Bei einer Portierung muß dann nur die Typdefinition angepaßt werden.

Man beachte, daß die Funktionsdeklarationen keine Information über die Zahl und die Typen der Funktionsparameter enthalten. Es liegt in der Verantwortung des Programmierers, diese korrekt zu benutzen. Die Funktion "Trig" liefert einen Zeiger auf einen Gleitkommawert mit doppelter Genauigkeit.

Das folgende Beispiel verwendet zwei Funktionen, die in einem Schnittstellen-Modul deklariert und in einem Implementations-Modul definiert wurden und von dort sozusagen importiert werden; Abb. 4.4c und Abb. 4.4d.

Abb. 4.4c Import von Funktionen

```
/*
** Beispiel für den Import von Funktionen
*/
#include <stdio.h>
#include <printf.h>

main()
{
 ..........
 ..........
print1(...);
 .........
print2(...);
 .........
}
```

Die Datei "print.h" dient hier als Schnittstelle (Definitionsteil) für die externen Objekte. Sie wird in die Quelldatei eingebunden, die diese Routinen verwendet.

Abb. 4.4d

```
/*   DEFINITION
**   printf.h  formatiertes Drucken
*/
#define lng 80
/** Kommentar.............*/

extern int print1();   /* EXPORT print1 */
extern int print2();   /* EXPORT print2 */
```

Die folgende Datei enthält schließlich die Definitionen dieser Funktionen (Implementationsteil). Sollten Änderungen in der Implementation notwendig werden, so müssen sie nur einmal vorgenommen werden. Die importierenden Programme sind jedoch neu zu compilieren.

Abb. 4.4e

```
/* IMPLEMENTATION
** Funktionen fuer formatiertes Drucken
** printf.c
*/
#include <stdio.h>

print1(...)
{
 ......
}
```

```
print2(...)
{
 .......
}

/* nichtexportierte Funktion
*/
static char *format(...)
 ...
{
   /* Definition der Funktion */
}
```

Die Funktion "format" ist nur in der Datei printf.c bekannt und muß dort definiert sein. Dateien mit Erweiterung .h, z.B. printf.h, sind sogenannte header files, die in andere Programme eingebunden werden; Dateien mit Erweiterung .c sind program files, die unabhängig compiliert werden.

In C bleibt es dem Programmierer überlassen, dafür zu sorgen, daß keine Namenskonflikte entstehen. Deshalb ist es ratsam, jedes global definierte Objekt als extern oder als static zu deklarieren, jenachdem ob es exportiert wird oder nicht. Mit dem nächsten Beispiel sei ein externes Modul vorgestellt, das einen Stapel realisiert.

Abb. 4.5a Stapel: Schnittstelle

```
/* DEFINITION
** stack.h
*/
#define public  extern
#define private static
#define void    int
#define modul_end

typedef int boolean;

public void push();
public char pop();
public boolean is_empty();

module_end;
```

Abb. 4.5b Stapel Implementation

```
/* IMPLEMENTATION
** stack.c
*/
#define SIZE 100
#define private static
#define void int
#define modul_end
```

```
typpedef int boolean;

private char s[SIZE];
private char *top = &s[0];
private char *min = &s[0];
private char *max = &s[SIZE -1];

boolean is_empty()
{
  return(top == min);
}

void push(c)
char c;
{
 if (max <= top) {error("Stapelueberlauf");exit(-1);}
 *top++ = c;
}

char pop()
{
 if (top <= min) {error("Stapel leer");exit(-2);}
 return *(--top);
}

module_end;
```

Sowohl Modula-2 als auch C ermöglichen, wie wir gesehen haben, die Modularisierung von Programmen. Der größte Unterschied liegt darin, daß in Modula-2 die Moduln separat, in C dagegen unabhängig compiliert werden. Deshalb lassen sich in C manche Kompatibilitätsfehler erst zur Laufzeit erkennen. Auch gibt es in C keine automatische Versionskontrolle. Dafür ist der Programmierer selbst zuständig. Und schließlich ist die klare Trennung externer Moduln in Definitions- und Implementationsteil ein weiterer, nicht zu unterschätzender Vorteil des in Modula-2 realisierten Modulkonzepts.

Wie bereits erwähnt, ermöglicht das Modulkonzept auch die Abkapselung maschinen- bzw. compilerabhängiger Programmteile in sog. Basismoduln (low level modules), was die Portierung der Programme auf unterschiedliche Rechenanlagen erleichtert. Davon sei im folgenden Abschnitt die Rede.

4.3 Maschinenabhängigkeit

Neben dem Modulkonzept stellen Modula-2 wie auch C Konstrukte für die systemnahe Programmierung zur Verfügung. In Modula-2 sind diese im Modul SYSTEM definiert; vgl. Abb. 4.6. Verschiedene Implementationen von Modula-2 unterscheiden sich vor allem in den von SYSTEM exportierten Objekten. (SYSTEM ist ein Pseudo-modul, das sozusagen nur im Compiler implementiert ist.)

Abb. 4.6 Beispiel für SYSTEM

```
DEFINITION MODULE SYSTEM;

TYPE BYTE;
     WORD;
     ADDRESS;

PROCEDURE ADR(object : irgendein Typ): ADDRESS;
PROCEDURE TSIZE(irgendein Typ): CARDINAL;
PROCEDURE NEWPROCESS(.....);
PROCEDURE TRANSFER(.....);

END SYSTEM.
```

Variablen des Datentyps BYTE belegen genau ein Byte des Hauptspeichers, die des Typs WORT ein Wort (2 Bytes). Nicht alle Rechner sind jedoch byteorientiert. Deshalb mag für bestimmte Rechner der Typ BYTE durch einen anderen, maschinennahen Typ ersetzt sein.

Der Datentyp ADDRESS der Speicheradressen ist zuweisungskompatibel mit allen Zeigertypen (POINTER OF Basistyp) und mit dem Datentyp CARDINAL (nichtnegative Integerzahlen). Die Funktionsprozedur ADR(objekt) gibt die Adresse von objekt und TSIZE(t) gibt die Größe des Typs t zurück. (Die Funktionsprozedur SIZE(objekt), die die Größe von objekt zurückgibt, muß in manchen Implementationen ebenfalls von SYSTEM importiert werden. Die Revision von Modula-2 sieht aber SIZE als Standardfunktion vor). Für den Atari mit TDI-Modula ist ADDRESS gleichbedeutend mit POINTER TO BYTE und die Objektgrößen werden in Anzahl der Bytes angegeben.

Für die Systemprogrammierung ist wichtig, daß BYTE, WORD und ADDRESS allgemeinverträgliche Datentypen sind. So ermöglicht die Verträglichkeit von Adressen mit ganzen Zahlen die Adressarithmetik, und der offene Feldtyp ARRAY OF BYTE ist überhaupt mit jedem Typ verträglich.

Die Prozeduren NEWPROCESS und TRANSFER dienen zur Programmierung von Coroutinen, mit denen sich Nebenläufigkeiten ausdrücken lassen. Wir werden sie später noch näher kennenlernen.

Im allgemeinen werden von SYSTEM noch weitere Namen exportiert. So exportiert SYSTEM unter TOS oder MS-DOS meist auch Prozeduren wie SETREG(Registernummer,Wert) und GETREG(Registernummer,Wert), mit denen Register der Zentraleinheit gesetzt bzw. gelesen werden können, und eine Prozedur CODE(w: CARDINAL ...) für das Einfügen von Maschineninstruktionen in Modula-

2-Programme. Die Verwendung der CODE-Prozedur für sogenannten In-Line-Code zeigt Abbildung 4.7 (Modula-2/86 von Logitech für den IBM-PC). Die Prozedur "findchar" gibt als natürliche Zahl das Offset des Zeichens ch in einer Zeichenkette zurück, die bei Adresse adr beginnt. Die Konstanten AX, DI, ES, CX beziehen sich auf Register des Prozessors Intel 8088. Das Zählregister CX wird mit len geladen, um die Suchlänge zu beschränken. Bezüglich der Maschinenbefehle konsultiere man das Handbuch des IBM-PC.

Abb. 4.7 Beispiel für In-Line-Code (Quelle: [Wie])

```
FROM SYSTEM IMPORT    ADDRESS,CODE,SETREG,
                      AX,CX,DI,ES;

PROCEDURE findchar
        ( ch:  CHAR         (* in *);
          len: CARDINAL     (* in *);
          adr: ADDRESS      (* in *)): CARDINAL;

BEGIN
   CODE(57H);                          (* PUSH DI *)
   CODE(06H);                          (* PUSH ES *)
   SETREG(ES, adr.SEGMENT);
   SETREG(DI, adr.OFFSET);
   CODE(57H);                          (* PUSH DI *)
   (* Setze direction flag auf increment       *)
   CODE(0FCH);                         (* CLD      *)
   (* Suche nach 0H.                           *)
   (* Setze das Zaehler- Register,CX, auf len.*)
   SETREG(CX, len + 1);
   (* Schleife endet, falls CX = 0 oder
      Vergleich mit Byte in AX erfolgreich.    *)
   (* Lade AX mit Ziel.                        *)
   SETREG(AX, ch);
   CODE(0F2H, 0AEH);               (* REPNE SCASB *)
   (* Speichere Ende von string addr in AX.    *)
   CODE(8BH, 0C7H);                (*  MOV AC, DI *)
   (* Restauriere Originaladresse des String. *)
   CODE(5FH);                          (* POP DI *)
   (* Berechne String- Laenge in AX.           *)
   CODE(2BH, 0C7H);                (* SUB AX, DI *)
   CODE(2DH, 01H, 00H);            (*  SUB AX, 1 *)
   (* Restauriere Originalwerte von ES und DI *)
   CODE(07H);                          (* POP ES *)
   CODE(5FH);                          (* POP DI *)
   GETREG(AX,len);
   RETURN len;
END findchar;
```

Das Modul SYSTEM von Logitech für den IBM-PC exportiert u.a. auch die Prozedur SWI für Systemaufrufe. Sie stellt die Schnittstelle zum Betriebssystem dar. DOS-

Aufrufe sind über den Systemaufruf mit Nummer 21 Hex (DOSCALL) realisiert. Wie bereits erwähnt, erwartet DOS, daß die benötigten Parameter in Registern übergeben werden. Im Register AH hat man z.B. anzugeben, welche Funktion ausgeführt werden soll. Im Beispiel der Abb. 4.8 ist dies die Funktion mit Nummer 1.

Abb. 4.8

```
FROM SYSTEM IMPORT AX,SETREG,GETREG,SWI,BYTE;
  ...

VAR ch : CHAR;

PROCEDURE doscall1(VAR c : BYTE);
CONST funkt1 = 100H;  (* Übernahme mit Echo eines Zeichens
                         von der Tastatur.
                         Das Zeichen wird im Low- Byte des
                         Registers AX, also in AL abgelegt *)
BEGIN
SETREG(AX,funkt1);
SWI(21H);
GETREG(AX,c);
END doscall1;
```

Der Prozeduraufruf "doscall1(ch)" ist äquivalent zu DOSCALL(1H,ch), das ebenfalls aus SYSTEM importiert werden kann. Moduln, die aus SYSTEM importieren, sind systemabhängig und müssen bei einer Portierung im allgemeinen adaptiert werden. Man bezeichnet sie als Basismoduln (low level modules).

Zwei weitere, für die Systemprogrammierung wünschenswerte Konstrukte seien noch erwähnt. Dies ist zum einen die Möglichkeit, für Variable und Prozeduren feste Speicheradressen zu vergeben. In Modula-2 geschieht dies durch die Angabe der Adresse in eckigen Klammern nach der Deklaration des Variablennamens (vgl. Abb. 4.11), z.B.

VAR CRTStatus[176504B] : BITSET;

Die Vergabe fixer Adressen ist aber nur für globale Variable sinnvoll, da diese Adressen vom System nicht verwaltet werden.

Zum anderen ist dies die Möglichkeit, Inhalte von Speicherzellen bitweise zu manipulieren. Dafür gibt es in Modula-2 den Mengentyp BITSET und die Mengenoperationen für die Durchschnitts- und Vereinigungsbildung, * bzw. +, sowie die Standardfunktionen INCL bzw. EXCL für das Setzen bzw. Rücksetzen einzelner Bits. Sei z.B.

CONST ENABLE = 3.

Dann entspricht

INCL(CRTStatus,ENABLE)

dem bitweisen logischen Oder zwischen CRTStatus und 0000000000000100. (Die

Größe von BITSET ist implementierungsabhängig.) Mit BITSET ist also der Zugriff auf einzelne Bits, z.B. von Registern, möglich.

Der C-Programmierer kann direkt bestimmen, ob für oft benötigte Programmdaten Register verwendet werden sollen. Dazu kann er die Speicherklasse "register" für lokale Variable verwenden. Die Programmiersprache C hat viel Ähnlichkeit mit Assemblersprachen. Auf der maschinennahen Seite enthält sie, neben der Möglichkeit, Registervariable zu verwenden, auch einen reichhaltigen Satz von maschinenorientierten Operatoren, wie den Shift-Operator >> (shift-right) und den Inkrementoperator c++.

Das folgende Beispiel zeigt C-Formulierungen gebräuchlicher Adressierungsarten.

Abb. 4.9

```
register char' *aregl,*areg2,dreg;
char x;
char av[10];

aregl =areg2;       /* Register direkt          */
x = *aregl;         /* Register indirekt        */
x = *(aregl++);     /*  mit Postinkrementierung */
x = *(- - aregl); /*  mit Praedekrementierung */
x = av[3];          /*  mit Adressdistanz       */
x = *((char*)0xFF42);    /* absolut             */
x = **((char**)0x4242); /* absolut indirekt    */
dreg3 = 0x44;            /* Daten unmittelbar   */
```

(char*) und (char**) sind Typtransferfunktionen (Cast-Operatoren).

C selbst stellt keine Konstrukte für die Programmierung von Coroutinen und die Unterbrechungsbehandlung zur Verfügung. Dazu - genauer für die Generierung eigener Prozesse - wird die Unterstützung durch das Betriebsystem benötigt (UNIX-Bibliotheksroutinen fork und exec). Es ist aber auch möglich, die benötigten Prozeduren TRANSFER und NEWPROCESS als Bibliotheksroutinen (geschrieben in Maschinensprache) bereitzustellen. Wie dies geschehen könnte, wird in Kapitel 8 gezeigt. Wie Modula-2 enthält auch C keine Ein-/Ausgabe-Funktionen als Sprachelemente. Diese sind Teil der Systembibliothek.

Das Beispiel in Abb. 4.10 zeigt den Zugriff auf ein Geräteregister von C aus (memory mapped I/O).

Abb. 4.10 Memory mapped I/O

```
  ...

int *devaddr;        /* Zeiger auf ein Objekt
                        vom Typ Integer        */

devaddr = 0xFF09;    /* Adresse des Ger äts     */
if (*devaddr & 0x4)  /* Ist das Bit 2 gesetzt? */
  func(y,z);
  ...
```

Da in C jeder von 0 verschiedene Wert als TRUE interpretiert wird, wird die Funktion "func" ausgeführt, wenn das bitweise UND (&) zwischen dem Wert bei Adresse FF09 und 0004 (also 0000000000000100) einen von 0 verschiedenen Wert ergibt. Die folgende C-Prozedur demonstriert das Senden eines Zeichens an die serielle Schnittstelle des IBM-PCs.

Abb. 4.11

```
/*
** com.c
*/
#include <inout.h>
 /*
 **  Definiert u.a. die Adresse lsr des Line- Status-
 **  Registers und die Adresse port des Transmitter- Ports
 */

sendc(schar)
unsigned schar;
 {/* In/out-Byte-Operationen */
 public unsigned char inportb(),outporbt();
 unsigned status;
  /*
  ** Wenn Transmitter- Register frei und
  ** Zeichen nicht ASCII- Null, dann Ausgabe
  */
 if (((status = inportb(lsr)) & 0x2) && schar) != '\0')
  { outportb(port,schar);
    return (-1); /* Zeichen gesendet      */
    }
  return(0);     /* kein Zeichen gesendet */
 }
```

Abb. 4.12 enthält nocheinmal ein Modula-2-Basismodul (für den Sirius unter MS-DOS). Die Prozedur "ton" aktiviert den Sound-Chip dieses Rechners.

Abb. 4.12

```
DEFINITION MODULE Musik;

PROCEDURE ton(klang :CHAR);
(* gibt ASCII- Zeichen codiert als Ton aus *)

PROCEDURE pause(time:CARDINAL);
(* erzwingt eine Pause *)

END Musik.

IMPLEMENTATION MODULE Musik;
FROM Terminal IMPORT Read,WriteString;
FROM SYSTEM   IMPORT ENABLE,DISABLE;

VAR CodecClk[0E8084H],
    CodecDat[0E8060H] :CARDINAL;
    CodecCtrl[0E808BH]:CHAR;
    (* feste Adressen für Schnittstellen- Register *)
    pitchfrequency    :CARDINAL;

PROCEDURE pause(time:CARDINAL);
VAR i,dummy:CARDINAL;
BEGIN
  dummy:=0;
  FOR i:=0 TO time DO INC(dummy) END
END pause;

PROCEDURE ton(klang:CHAR);
BEGIN
  DISABLE;
  (* initialisiere Hardware *)
  pitchfrequency:=0F80H;
  CodecDat:=5E00H;
  CodecDat:=0D40H;
  CodecDat:=0AA80H;
  CodecDat:=00C0H;
  CodecDat:=pitchfrequency;
  CodecCtrl:=CAR(0C0H);
  (* produziere Ton *)
  CodecClk:=ORD(klang);
  pause(5000);
  ENABLE;
  (* stop sound *)
  CodecCtrl:=CHAR(0H)
END ton;
END Musik.
```

4.4 Systemspezifische Modulbibliotheken

Systemspezifische Bibliotheken bieten dem Programmierer programmiersprachenkonforme Schnittstellen für Systemaufrufe an. Alle systemabhängigen Größen werden über Modulschnittstellen dieser Bibliotheken zur Verfügung gestellt. Wir wollen die Struktur einer solchen Bibliothek am Beispiel einer Modula-2-Bibliothek erörtern. Sie hat folgende Aufgaben [Fin]:

(1) Die Datentypen des Rechnersystems werden in entsprechende Modula-2-Datentypen abgebildet. Diese Datentypen werden dann über Dateimoduln (s. Kapitel 5.1) der systemspezifischen Bibliothek bereitgestellt.

Beispiel:

```
TYPE MDptr = ....;

     tMPB = RECORD           (* Speicher- Parameterblock *)
              free : MDptr; (* Zeiger auf Freiliste     *)
              alloc: MDptr; (* Zeiger auf Belegtliste   *)
              rov  : MDptr  (* umlaufender Zeiger       *)
            END; (* tMPB *)

      Device = (PTR, (* Parallelport *)
                AUX, (* Seriellport  *)
                CON, (* Bildschirm   *)
                HSS, (* MIDI- Port   *)
                KDB  (* Keyboard     *));
```

(2) Jeder Systemaufruf wird in eine gewöhnliche Modula-2-Prozedur abgebildet. Diese setzt zur Laufzeit die Modula-2-Konventionen in Systemkonventionen um. Solche Prozeduren importieren in der Regel Objekte, die von einer tieferliegenden, "inneren" Schnittstelle angeboten werden.

Beispiel:

```
PROCEDURE BConStat(dev:DEVICE):BOOLEAN;
(* returns input status of device dev
   returns TRUE => character waiting to be read
 *)
```

Die wesentlichen Teile einer Implementierung dieser Prozedur zeigt Abb. 4.13.

Abb. 4.13

```
FROM INNER IMPORT BIOSCALL;
FROM SYSTEM IMPORT SETREG,GETREG;

PROCEDURE BConStat(dev:DEVICE):BOOLEAN;
CONST D0 = 0;
VAR ret,
    save:CARDINAL ;

 BEGIN
 .........
 GETREG(D0,save);
 SETREG(D0,ORD(CON));
 BIOSCALL(1);
 GETREG(D0,ret);
 SETREG(D0,save);
 RETURN ( ret = -1 )
 .........
 END BConStat;
```

(3) Die vorgegebenen Namen der Aufrufe und Datentypen werden beibehalten, um so die Dokumentation der Systemaufrufe auch in Modula-2 benutzen zu können.

Das Modul INNER gehört zur inneren Schnittstelle, die z.B. ebenfalls als Modula-2-Prozedur(en) mit In-Line-Codeanweisungen realisiert sein kann.

Auf der systemspezifischen Bibliothek wiederum baut die portable Bibliothek auf. Sie enthält z.B. "high-level" Moduln zur Behandlung der Ein-/Ausgabe und zur Verwaltung der Dateien und dient u.a. als systemunabhängige Schnittstelle für Modula-2-Systemprogramme. Die Prozeduren der portablen Bibliothek (oder das Anwenderprogramm) rufen also i.a. Prozeduren der systemspezifischen Bibliothek auf. Ein Modul der systemspezifischen Bibliothek stellt diesen Dienst zur Verfügung und setzt ihn intern in einen Systemaufruf um. Dieser gelangt zur inneren Schnittstelle und wird dort ausgeführt; Abb. 4.14. Zu beachten ist allerdings, daß der Import von Bibliotheksmoduln den Bedarf des Programms an Speicherplatz erhöht. Die direkte Verwendung von In-Line-Codes würde natürlich weniger Speicherplatz erfordern und schneller sein.

Als Übung sei empfohlen, unter Verwendung einer portablen Bibliothek, z.B. für den ATARI unter TOS, das Datum und die Zeit des Rechners zu setzen und wieder in einer verständlichen Form auszugeben. Prinzipiell stehen Ihnen für das Lesen und Setzen der Uhrzeit folgende Möglichkeiten offen:

- ein Modul der Systembibliothek oder
- einen Systemaufruf zu verwenden oder

Abb. 4.14 Bibliotheken

Portable Bibliothek <	Systemspezifische Bibliothek <	innere Schnittstelle
INOUT	BIOS	INNER
InOut	BconStat	BIOSCALL rette Registerinhalte belege Stapel Softwareinterrupt restauriere Register

- die Speicherzellen des Uhr-Bausteins direkt anzusprechen.

Bei der letzten Möglichkeit ist aber Vorsicht geboten, wenn die Speicherzellen auch durch Interrupts angesprochen werden. In Kap. 7 werden wir näher darauf eingehen.

Ähnlich wie in Modula-2, wenn vielleicht auch nicht ganz so verständlich, läßt sich in C vorgehen. Dazu seien zwei Beispiele angegeben; Abb. 4.15 und Abb. 4.16. Das erste Beispiel zeigt die Verwendung einer Systembibliothek.

Abb. 4.15

```
/* Ein Schnittstellen-Modul
** inner.h
*/
#include <osbind.h>
#include <stdio.h>
#define PTR 0
  ...
#define CON 2
  ...
#define KDB 4

          .........
          .........

/* memory parameter block */
typedef struct
     {
        MDptr *free ;    /* Zeiger auf Freiliste    */
        MDptr *alloc;    /* Zeiger auf Belegtliste */
        MDptr *rov  ;    /* umlaufender Zeiger      */
     } tMPB;


/*
```

```
** demcons.c
*/
#include <inner.h>

  main()
   {
     int i;
     while (1)
         {
           i = Bconstat(CON);
           print(" Hallo %d %c,i,'\n');
         }
    }
```

Die folgende Funktion definiert eine Struktur, die die Register des IBM-PCs repräsentiert, initialisiert das Register AX und ruft mit sysint aus der Systembibliothek das Betriebssystem (PC-DOS) auf.

Abb. 4.16

```
/*
**  getch.c
*/
#include <dos.h>

unsigned getch()
 {
  struct  registers {unsigned ax;
                     unsigned bx;
                     unsigned cx;
                     unsigned dx;
                     unsigned si;
                     unsigned di;
                     unsigned ds;
                     unsigned es;} ;
   struct registers ireg;
   struct registers oreg;

   ireg.ax = 0x700;
   sysint(0x21,&ireg,&oreg);
   return(oreg.ax & 0xff);
  }
```

Als Beispiel für die Verwendung einer systemspezifischen Bibliothek sei noch der Systemaufruf superexec des XBIOS aus Kapitel 3.1 erwähnt; Abb. 4.17. Dieser Systemaufruf wird vom Modul XBIOS aus der von uns verwendeten Bibliothek exportiert und zwar mit der Schnittstelle:

PROCEDURE SuperExec(procedure:PROC);

PROC ist der Typ einer parameterlosen Modula-2-Prozedur; vgl. Kapitel 7.2. Mit

SuperExec wird die Prozedur im Kernmodus aufgeführt.

Abb. 4.17

Die im Kernmodus auszuführende Prozedur sei:

```
FROM SYSTEM IMPORT CODE;
CONST  RTS = 04E75H;

PROCEDURE inKernel;
BEGIN
 ..........
 (* Anweisungen im Kernmodus *)
 CODE(RTS)
END inKernel;
```

Anmerkung: In Modula-2/ST muß die Prozedur, die im Kernmodus ausgeführt werden soll, mit der In-Line Code-Anweisung CODE(RTS) abgeschlossen werden. Dies ist bei der Compilierung zu berücksichtigen; vgl. Abb. 6.7.

Es folgt der Aufruf dieser Prozedur:

```
FROM XBIOS IMPORT SuperExec;
 ........
SuperExec(inKernel);
 ........
```

SuperExec kann z.B. dazu verwendet werden, die Adresse einer Ausnahmebehandlungs-Prozedur in die Interrupt-Vector-Tabelle einzutragen. Man vergleiche dazu auch den Systemaufruf

SetException(vecnum : CARDINAL; vec : PROC);

des Moduls BIOS aus der Systembibliothek für den ATARI (Modula-2/ST).

Eine in Modula-2 realisierte virtuelle Modula-2-Maschine könnte die in Abb. 4.18 gezeigten Schichten enthalten und auf einer konventionellen Betriebssystemmaschine aufsetzen, die möglicherweise ebenfalls in Modula-2 realisiert ist. Diese Architektur stellt dem Systemprogrammierer eine virtuelle Maschine mit einer einheitlichen Schnittstelle für Systemaufrufe zur Verfügung. Gleichzeitig kann er auch auf tieferliegende Schichten zugreifen, sollte dies aus Gründen der Effizienz einmal notwendig werden. Er kann zudem die virtuellen Maschinen nach speziellen Bedürfnissen erweitern oder eigene virtuelle Maschinen dem System angliedern.

Abb. 4.18 Eine Modula-2-Maschine

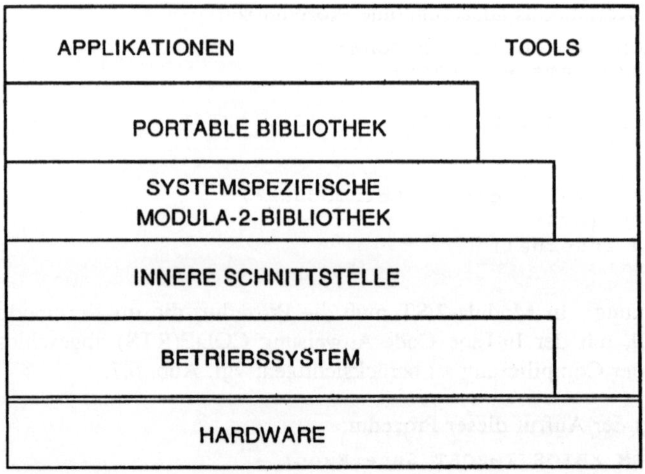

5. DATENABSTRAKTIONEN

Es hat sich herausgestellt, daß für die modulare Programmierung vier Grundtypen von Moduln besonders wichtig sind: Funktionsmoduln, Datenmoduln sowie Abstrakte Datenstruktur-Moduln und Datentyp-Moduln. Sie sollen in diesem Kapitel vorgestellt werden.

5.1 Modultypen

Funktionsmoduln stellen Leistungen in Form von Prozeduren und Funktionen bereit. Sie besitzen keine lokalen Datenstrukturen, speichern also keine Datenwerte. Man nennt sie deshalb auch gedächtnislos. Das Modul Musik aus Kap. 4.3 ist ein typisches Funktionsmodul.

Der zweite Typ eines Moduls, man könnte es als Daten- oder Dateimodul bezeichnen, exportiert lediglich Konstante und Datentypen, ohne deren Struktur zu verbergen. Ein solches Modul stellt häufig verwendete Typen und Konstante zur Verfügung. Das zugehörige Implementationsmodul ist leer.

In Abb. 5.1. ist ein Datenmodul in Modula-2, in Abb. 5.2 eines in C wiedergegeben.

Abb. 5.1

```
DEFINITION MODULE MeineDefinitionen;
CONST
 Eingabeende = 12C;
 prompt = 'Bitte geben Sie fuer folgende Groessen Werte ein.';
 prompte = 'Bitte Taste druecken: Programmbeendigung!';
      MaxCard = 65535;

TYPE tDatum = RECORD
                  Tag:[1..31];
                  Monat : [1..12];
                  Jahr : CARDINAL;
                END;
END MeineDefinitionen.
```

Header-Files enthalten, wie wir gesehen haben, normalerweise Definitionen von Konstanten und Datenstrukturen sowie Funktionsnamen, die oft benötigt werden. Mit dem Praeprozessoraufruf "define" können in einem C-Datenmodul z.B. Konstante definiert werden, mit deren Hilfe man C-Programmen ein Modula-ähnliches Aussehen geben kann.

Abb. 5.2

```
/* Ein Datenmodul
 ** modula.h
*/
#define MODULE
#define PROCEDURE
#define IMPORT extern
#define EXPORT extern
#define TRUE     1
#define FALSE    0
#define THEN     {
#define ELSE     } else {
#define BEGIN    {
#define END      ;}
#define LOOP     for(;;)
#define WHILE    while
#define REPEAT   do {
#define UNTIL(x)    }while(!(x));
#define DO       {
#define INTEGER int
#define BOOLEAN int
#define REAL     float
#define AND      &&
#define OR       ||
#define NOT(x)   !(x)
#define DIV      /
#define MOD      %
#define SQR(x)   (x)*(x)
```

Abstrakte Datenstruktur-Moduln und Abstrakte Datentyp-Moduln dienen der Datenabstraktion. Darauf soll im folgenden näher eingegangen werden.

Für die systemnahe Programmierung ist auch die Unterscheidung in Geräte- und reine Programm-Moduln von Bedeutung. Ein Geräte-Modul stellt z.B. Funktionen für die Abfrage von Geräteregistern und die Ansteuerung des Geräts zur Verfügung. Der Verantwortungsbereich eines reinen Programm-Moduls erstreckt sich dagegen auf die Verwaltung von Programmobjekten. In diesem Sinne läßt sich dann auch zwischen einem Programmfunktions- oder einem Gerätefunktions-Modul, einem Programmdaten- oder einem Gerätedaten-Modul unterscheiden. Ein Gerätedaten-Modul stellt z.B. die für die Systemprogrammierung benötigten, geräteabhängigen Konstanten bereit. Ebenso läßt sich zwischen einer Datenabstraktion und einer Geräteabstraktion unterscheiden.

In den nächsten Abschnitten sollen Beispiele für Datenabstraktionen betrachtet werden. Wir werden uns dabei auf reine Programm-Moduln beschränken. Beispiele für hardwareorientierte Moduln werden wir in Kap. 6 und 9 kennenlernen.

5.2 Datenstrukturen

Ein Abstraktes Datenstruktur-Modul (ADS-Modul) besitzt eine oder mehrere Datenstrukturen, verbirgt aber deren Namen und Realisierung und erlaubt den Zugriff auf diese Strukturen nur über die von ihm exportierten Prozeduren. Die Datenstrukturen sind statisch, d.h. existieren nicht nur während der Ausführung einer dieser Prozeduren (Modul mit Gedächtnis). Das wohl geläufigste Beispiel für ein Abstraktes Datenstrukturmodul ist ein Datenkeller (Stapel, Stack). In Abb. 4.4 haben wir ein Abstraktes Datenstruktur-Modul in C kennengelernt. Abb. 5.3 zeigt eine Modula-2-Version. Der Datenkeller kann Objekte des Typs CHAR aufnehmen

Abb. 5.3 Abstrakte Datenstruktur

```
DEFINITION MODULE STACK;
(* Abstrakte Datenstruktur,definiert über die
   Operationen :                               *)
PROCEDURE create; (* Erzeuge einen Datenkeller *)
PROCEDURE isEmpty(): BOOLEAN; (* Ist Datenkeller leer? *)
PROCEDURE push(x:CHAR); (* Lege Objekt in Datenkeller  *)
PROCEDURE pop(VAR x:CHAR); (* Entnehme Objekt          *)
END STACK.
```

Die Schnittstelle dieses Moduls macht keine Festlegung hinsichtlich der Repräsentation der von ihm eingekapselten Datenstruktur. Der Keller könnte z.B. als statisches Feld oder als dynamische Liste (Zeigerstruktur) implementiert sein (vgl. Abb. 5.7). Für das Verständnis eines Klientenmoduls ist dies ja auch unwesentlich; vgl. Abb. 5.4.

Abb. 5.4 Klientenmodul

```
MODULE StackDemo1;
FROM InOut IMPORT Read,Write,WriteString,WriteLn;
FROM MeineDefinitionen IMPORT Eingabeende,prompte;
IMPORT STACK;
VAR ch:CHAR;
BEGIN
  WriteString('StackDemo1');WriteLn;
  STACK.create;
  Read(ch);
  WHILE ch <> Eingabeende DO
    STACK.push(ch);Read(ch)
  END;
  REPEAT
    STACK.pop(ch); Write(ch)
  UNTIL STACK.isEmpty();
  WriteLn;
  WriteString(prompte);
  Read(ch)
END StackDemo1.
```

5.3 Datentypen

Ein (abstraktes) Datentyp-Modul (ADT-Modul) ist ein Modul, das den Namen eines Datentyps und einen Satz von Prozeduren exportiert, die es gestatten, Objekte dieses Typs zu erzeugen und zu bearbeiten. Die Struktur des Datentyps, wie auch die Realisierung der zugehörigen Prozeduren, bleiben wiederum der Umgebung verborgen. Man nennt solche Moduln auch kurz Abstrakte Datentypen (ADT). Diese über den Modul-Mechanismus konstruierten Datentypen unterscheiden sich von den Datentypen einer Programmiersprache vor allem dadurch, daß für sie Initialisierungsprozeduren benötigt werden. Ein ADT ist also, wie auch eine ADS, ausschließlich durch die anwendbaren Operationen definiert. Als Beispiel für einen Abstrakten Datentyp sei wiederum der Datenkeller herangezogen; Abb. 5.5.

Abb. 5.5 Abstrakter Datenkeller-Typ

```
DEFINITION MODULE ADTSTACK;
TYPE tStack;
PROCEDURE create(VAR s:tStack);
PROCEDURE isEmpty(s:tStack): BOOLEAN;
PROCEDURE push(x:CHAR; VAR s:tStack);
PROCEDURE pop(VAR x:CHAR; VAR s:tStack);
END ADTSTACK.
```

Das Definitionsmodul enthält die Deklaration eines Typnamens. Hätten wir den vollständigen Typ deklariert, so wäre auch seine Struktur sichtbar und ein Benutzer könnte auf ihre Komponenten zugreifen, was bei einem ADT absichtlich unterbunden ist. Die nächste Abbildung 5.6 zeigt ein Klientenmodul. Zunächst wird ein Stapel mit Zeichen gefüllt, dessen Inhalt dann auf einen zweiten Stapel gebracht wird.

Abb. 5.6 Klientenmodul

```
MODULE StackDemo2;
FROM Terminal IMPORT Read,Write,WriteString,WriteLn;
FROM MeineDefinitionen IMPORT Eingabeende,prompte;
FROM ADTSTACK IMPORT tStack,create,push,pop,isEmpty;
VAR ch:CHAR;
VAR stack1,stack2 : tStack;

BEGIN
  WriteString('StackDemo2');WriteLn;
  create(stack1);
  Read(ch);
  WHILE ch <> Eingabeende DO
    push(ch,stack1);Read(ch)
  END;
  create(stack2);
  REPEAT
    pop(ch,stack1); Write(ch);push(ch,stack2)
  UNTIL isEmpty(stack1);
```

```
    REPEAT
      pop(ch,stack2);Write(ch)
    UNTIL isEmpty(stack2);
    WriteLn;
    WriteString(prompte);Read(ch)
  END StackDemo2.
```

Abstrakte Datenstruktur- und Datentyp-Moduln werden auch Datenabstraktionen genannt. "Abstrakt" bedeutet in diesem Zusammenhang das Verbergen von Implementierungsdetails. (In diesem Sinne sind auch Standardtypen wie INTEGER oder REAL abstrakt). Bei einem ADS-Modul existiert jeweils nur ein Exemplar (Ausprägung, Inkarnation) seiner Datenstrukturen; ihre Typen und deren Bezeichner bleiben verborgen. Bei einem ADT-Modul ist dagegen der Name des Typs sichtbar. Es lassen sich mehrere Objekte dieses Typs vereinbaren (erzeugen).

5.4 Monitore

Abstrakte Datenstruktur-Moduln spielen eine wichtige Rolle in der concurrenten Programmierung, also bei der Programmierung von parallel oder quasiparallel ablaufenden Prozessen. Sie bilden die Grundbausteine für die Verwaltung von Datenobjekten. Diese hat dafür zu sorgen, daß die Konsistenz der Datenobjekte auch bei Zugriff mehrerer concurrenter Prozesse gewahrt bleibt. (In Kapitel 11 werden wir darauf näher eingehen). Dazu werden Datenabstraktionen benötigt, deren Prozeduren immer nur von einem einzigen Prozeß aufgerufen werden können und deren Ausführung nicht unterbrechbar ist. Man nennt sie Monitore. (Nicht zu verwechseln mit dem Monitorbegriff aus Kapitel 1). Man sagt dazu auch, Monitorprozeduren lassen sich nur exclusiv aufrufen oder, daß Monitore nur unter gegenseitigem Ausschluß 'betreten' werden können. Der gegenseitige Ausschluß gewährleistet, daß auf die Datenstruktur eines Monitors nur koordiniert zugegriffen wird und so deren Konsistenz gewahrt bleibt.

Bei einem Monoprozessorsystem erreicht man den gegenseitigen Ausschluß, wenn man für die Dauer der Ausführung einer Monitorprozedur Interrupts einfach sperrt. In Modula-2 geschieht dies über die Angabe einer Modul-Priorität. Dann sind während der Ausführung einer Monitor-Prozedur alle Interrupts gleicher oder niedrigerer Priorität gesperrt. In Modula-2 sind also Monitore nichts anderes als mit einer ausreichend hohen Priorität versehene ADS-Moduln. Prioritäten vorzusehen ist sinnvoller, als nur zuzulassen, daß Interrupts gesperrt werden, da dann nicht vergessen werden kann, die Interrupts rechtzeitig wieder freizugeben. Eine Interruptsperre sollte nämlich immer so kurz wie möglich sein, damit weitere, eventuell wichtige Interrupts nicht wegen der Interruptsperre verloren gehen.

5.5 Objektorientierte Programmierung

Abstrakte Datentyp-Moduln sind eng mit der objektorientierten Programmierung verbunden. Ein objektorientierter Programmentwurf unterteilt das zu entwerfende Programm-System in interagierende Objekte. Ein Objekt ist eine integrierte Einheit von Daten und Prozeduren. Jedes Objekt ist Instanz einer Klasse, d.h. eines abstrakten Objekttyps. Klassen sind also im wesentlichen Abstrakte Datentypen. Ihre Objekte sind aber aktiv, insofern als sie auf Aufträge von anderen Objekten reagieren, diese interpretieren und dann entsprechende Operationen (Methoden) auf ihren Datenstrukturen ausführen. Objekte kommunizieren über Botschaften (vgl. dazu Kapitel 13). Eine solche Botschaft enthält den Namen des sendenden und des empfangenden Objekts sowie den Namen und die Parameter der Methode, die ausgeführt werden soll. Das empfangende Objekt ist für die Konsistenz seiner Daten verantwortlich. Die Methoden einer Klasse entsprechen den Prozeduren eines ADT-Moduls und die serielle Entgegennahme von Botschaften dem gegenseitigen Ausschluß. Objekte können zudem bestimmte Eigenschaften und Methoden von übergeordneten Klassen erben. Der Programmierer kann aus Klassen Subklassen erzeugen, indem er neue Datenstrukturen und Methoden hinzufügt oder bereits definierte modifiziert (overriding). Auf diese Weise läßt sich z.B. erreichen, daß Objekte, die dieselbe "Überklasse" haben, alle dieselben Botschaften "verstehen", diese aber jeweils anders interpretieren, d.h. mit anderen Methoden reagieren.

Weiterentwicklungen von Modula-2 bzw. C, die die objektorientierte Programmierung in stärkerem Maße unterstützen als diese Sprachen, sind Oberon [Wir87] bzw. C++ [Str].

5.6 Implementationsbeispiele

In diesem Abschnitt seien Implementierungen unserer Beispiele für Datenabstraktionen vorgestellt. Abb. 5.7 zeigt eine mögliche Implementierung des ADS-Moduls STACK.

Abb. 5.7 Implementation der ADS

```
IMPLEMENTATION MODULE STACK;
FROM SYSTEM IMPORT SIZE; (* Sollte eigentlich unnötig sein *)
IMPORT Storage;
     (* Importiere die für die dynamische Speicher-
      * beschaffung benötigten Prozeduren         *)
TYPE    tStack = POINTER TO tItem;
        tItem =  RECORD
                   char     : CHAR;
                   nextItem : tStack
                 END;

VAR s: tStack;
```

```
PROCEDURE create;
BEGIN
  s := NIL
END create;

PROCEDURE isEmpty():BOOLEAN;
BEGIN
  RETURN (s = NIL)
END isEmpty;

PROCEDURE push(ch : CHAR);
VAR  newItem: tStack;
BEGIN
  Storage.ALLOCATE(newItem,SIZE(newItem^));
  WITH newItem^ DO
    char := ch;
    nextItem := s
  END;
  s := newItem
END push;

PROCEDURE pop(VAR ch:CHAR);
VAR del: tStack;
BEGIN
  del := s;
  IF s <> NIL THEN
    WITH s^ DO
      ch := char;
      s := nextItem
    END;
  Storage.DEALLOCATE(del,SIZE(del^))
  END
END pop;

BEGIN
  IF NOT Storage.CreateHeap(1024 ,FALSE)
    THEN HALT (* nicht ausreichend Speicher vorhanden *)
  END
END STACK.
```

Zum Vergleich sei auch ein entsprechendes Implementationsmodul für ADTSTACK gezeigt; Abb. 5.8. In Modula-2 hat dies unter Verwendung von Zeigertypen zu geschehen. Wie sich zeigt, sind aber nur wenige Modifikationen nötig, um aus einem ADS-Modul ein ADT-Modul zu machen. Dies gilt auch, wenn wir die Datenstruktur nicht als Zeigerstruktur sondern als Feld (Reihung) realisiert hätten.

Abb. 5.8 Implementation des ADT-Moduls

```
IMPLEMENTATION MODULE ADTSTACK;
FROM SYSTEM IMPORT SIZE; (* Sollte nicht nötig sein *)
IMPORT Storage;
     (* Importiere die für die dynamische Speicher-
      * beschaffung benötigten Prozeduren *)
TYPE   tStack = POINTER TO tItem;
       tItem  = RECORD
                   char     : CHAR;
                   nextItem : tStack
                END;

PROCEDURE create(VAR s:tStack);
BEGIN
  s := NIL
END create;

PROCEDURE isEmpty(s:tStack):BOOLEAN;
BEGIN
  RETURN (s = NIL)
END isEmpty;

PROCEDURE push(ch : CHAR; VAR s : tStack);
VAR  newItem: tStack;
BEGIN
  Storage.ALLOCATE(newItem,SIZE(newItem^));
  WITH newItem^ DO
    char := ch;
    nextItem := s
  END;
  s := newItem
END push;

PROCEDURE pop(VAR ch:CHAR; VAR s:tStack);
VAR del : tStack;
BEGIN
  del := s;
  IF s <> NIL THEN
    WITH s^ DO
      ch := char;
      s := nextItem
    END;
  Storage.DEALLOCATE(del,SIZE(del^))
  END
END pop;

BEGIN
  IF NOT Storage.CreateHeap(1024,FALSE)
    THEN HALT (* nicht ausreichend Speicher vorhanden *)
  END
END ADTSTACK.
```

Die Datenobjekte reiner Datenabstraktionen sind gegenüber unbeabsichtigten Änderungen durch fehlerhafte Anweisungen in der Modulumgebung weitgehend geschützt, weil sie nicht direkt zugänglich sind. Sie können nicht beliebig manipuliert werden. Dadurch wird auch der Nachweis erleichtert, daß ein Programm fehlerfrei ist. Wenn einmal sichergestellt ist, daß die verwendeten Datenabstraktionen den gewünschten Schutz bieten und fehlerfrei sind, dann interessieren für den Nachweis der Korrektheit des gesamten Programms nur mehr ihre Schnittstellen.

Es sei auch noch die Möglichkeit aufgezeigt, sogenannte typunabhängige (type independent oder generische) Datenabstraktionen zu definieren; Abb. 5.9. Die Operationen solcher Datenabstraktionen sind unabhängig vom Typ bestimmter Datenelemente. Dazu sind in Modula-2 Tricks nötig (siehe Abb. 5.11). In C sind dagegen solche generischen Datenabstraktionen direkter implementierbar, da ja C keine strenge Typenbindung fordert.

Abb. 5.9 Generische Datenabstraktion

```
DEFINITION MODULE TISTACK;
FROM SYSTEM IMPORT WORD;

TYPE tStack;
PROCEDURE create(VAR s:tStack);
PROCEDURE isEmpty(s:tStack): BOOLEAN;
PROCEDURE push(VAR data:ARRAY OF WORD; VAR s:tStack);
PROCEDURE pop(VAR  data:ARRAY OF WORD; VAR s:tStack);

END TISTACK.
```

Vom Benutzer dieses Basismoduls wird natürlich besondere Sorgfalt verlangt, da nun durch den Compiler keine Typenüberprüfung mehr stattfindet und es deshalb möglich wäre, z.B. folgendes, wenig sinnvolle Klietenmodul zu verwenden; Abb. 5.10.

Abb. 5.10 Ein wenig sinnvolles Beispiel

```
MODULE StackDemo3;
FROM TISTACK IMPORT tStack,create,push,pop;
FROM InOut IMPORT WriteString,WriteLn,Write,WriteCard;
VAR s     :  tStack;
    ch,ck:  BITSET;
    r,t   :  ARRAY[1..5] OF CARDINAL;
    i     :  CARDINAL;
BEGIN
  create(s);
  ch := {0,1,2,3};
  push(ch,s);
  FOR i := 1 TO 5 DO r[i] := i END;
  push(r,s);
  pop(t,s);
  FOR i := 1 TO 5 DO WriteCard(t[i],3) END;
```

```
  pop(ck,s);
  WriteCard( CARDINAL(ck),3);WriteLn;
END StackDemo3.
```

Auch für diesen Modultyp sei eine Implementation gezeigt; Abb. 5.11. Man erinnere sich, daß der Parametertyp ARRAY OF WORD mit jedem Typ zuweisungsverträglich ist. Der Trick besteht darin, die erste Komponente der Stapelobjekte einmal als Zeiger auf einen Stapelbereich, der die eigentlichen Objekte aufnimmt, und einmal als Speicheradresse zu interpretieren.

Abb. 5.11 Implementation eines generischen Datentyps

```
IMPLEMENTATION MODULE TISTACK;
IMPORT Storage;
       (* Importiere die für die dynamische Speicher-
        * beschaffung benötigten Prozeduren *)
FROM SYSTEM IMPORT ADDRESS,WORD,SIZE;


TYPE   tStack = POINTER TO tItem;
       tItem  = RECORD
                  CASE BOOLEAN OF
                   TRUE : content : POINTER TO WORD|
                   FALSE: address  : ADDRESS
                  END;
                  size      : CARDINAL;
                  nextItem : tStack
                END;

PROCEDURE create(VAR s:tStack);
BEGIN
  s := NIL
END create;

PROCEDURE isEmpty(s:tStack):BOOLEAN;
BEGIN
  RETURN (s = NIL)
END isEmpty;

PROCEDURE push(VAR data:ARRAY OF WORD; VAR s:tStack);
VAR  newItem: tStack;
     count  : CARDINAL;
     old    : ADDRESS;
BEGIN
  Storage.ALLOCATE(newItem,SIZE(newItem^));
  WITH newItem^ DO
   size := (HIGH(data) + 1);
   Storage.ALLOCATE(address,size + 1);
   old := address;
   FOR count := 0 TO (size -1) DO
```

```
        content^ := data[count];
        INC(address,2);
      END;
        address   := old;
        nextItem := s
    END;
    s := newItem
  END push;

  PROCEDURE pop(VAR data:ARRAY OF WORD; VAR s:tStack);
  VAR del   : tStack;
      count : CARDINAL;
  BEGIN
    del := s;
    IF s <> NIL THEN
      WITH s^ DO
        FOR count := 0 TO (size - 1) DO
          data[count] := content^;
          INC(address,2);
        END;
        s := nextItem
      END;
    Storage.DEALLOCATE(del,SIZE(del^))
    END
  END pop;

  BEGIN
    IF NOT Storage.CreateHeap(1024,FALSE)
      THEN HALT (* nicht ausreichend Speicher vorhanden *)
    END
  END TISTACK.
```

In den Implementierungen der hier vorgestellten Datenabstraktionen ist keinerlei Vorsorge für Ausnahmefälle getroffen, z.B. für den Fall, daß keine Daten mehr in den Keller gebracht werden können, wenn der Speicherplatz nicht mehr ausreicht. Wie sich solche Ausnahmesituationen behandeln lassen, soll in Kapitel 7 gezeigt werden.

ALLOCATE(adr;size) reserviert (alloziert) Speicherplatz
DEALLOCATE(adr;size) gibt Speicherplatz zurück
adr enthält die Anfangsadresse eines Speicherbereichs
der Größe size

6. UNTERBRECHUNGEN

Geräte wie Drucker, Terminals oder A/D-Wandler können die Arbeit der Zentraleinheit asynchron zum normalen Programmablauf unterbrechen. Der dann ablaufende Mechanismus entspricht dem eines Softwareinterrupts. Auf ein Unterbrechungssignal reagiert die Zentraleinheit mit einer Interruptsequenz (Interrupt-Dispatching), durch die eine Routine zur Behandlung des Unterbrechungswunsches angestoßen wird. Diese Routine wird Interrupthandler (kurz Handler) oder Interrupt-Service-Routine genannt. Gibt es mehrere Interruptquellen, so muß in der Interruptsequenz abgefragt werden, von welcher Quelle der Interrupt stammt. Diese, eventuell zeitraubende, Abfrage entfällt bei vektorisierten Interrupts. Die Interruptquelle übergibt dann nach dem Unterbrechungssignal (IRQ) und der Bestätigung (IAK) der Unterbrechung durch die CPU einen Index für eine Interrupt-Vektor-Tabelle. Interrupts lassen sich i.a. maskieren, d.h. es kann verhindert werden, daß ein bestimmter Interrupt oder eine Gruppe von Interrupts die augenblickliche Prozessoraktivität unterbricht.

6.1 Asynchrone Unterbrechungen

Die Abb. 6.1 zeigt das Interrupt-Schema eines Monoprozessor-Systems [Kir] und Abb.6.2 den Kontrollfluß bei der Behandlung von Unterbrechungswünschen.

Abb. 6.1 Daisy Chain (ABR: Arbitrierung)

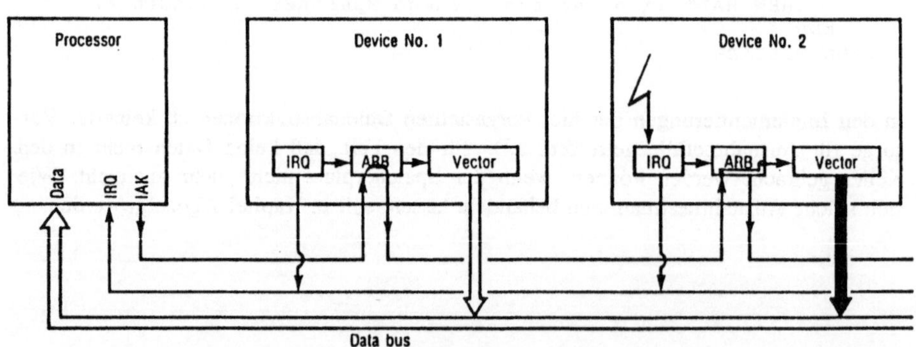

Auch die Systemsoftware für die Behandlung von Unterbrechungswünschen läßt sich konzeptionell in Schichten gliedern, wobei die niedrigste Schicht wiederum die Hardware-Eigenheiten verbirgt und die höchste Schicht eine "saubere", geräteunabhängige Schnittstelle für den Benutzer anbietet. Abb. 6.2 gibt eine mögliche Schichtenstruktur für E/A-Software wieder. Es ist Sache der Systemsoftware (insbesondere der Gerätetreiber) und nicht des Benutzers, sich um die Probleme zu sorgen, die dadurch entstehen, daß Geräte verschieden sind und verschiedene Treiber benötigen. In Abb. 6.3 sind einige der Aufgaben genannt, die den geräteunabhängigen Schichten der I/O-Software zuzuordnen sind. Ein vergleichsweise kleiner Teil davon ist in der Benutzerschicht als I/O-Bibliothek angesiedelt. Diese Bibliothek enthält die Schnittstellen der I/O-Systemaufrufe (systemspezifische Bibliothek).

Abb. 6.2

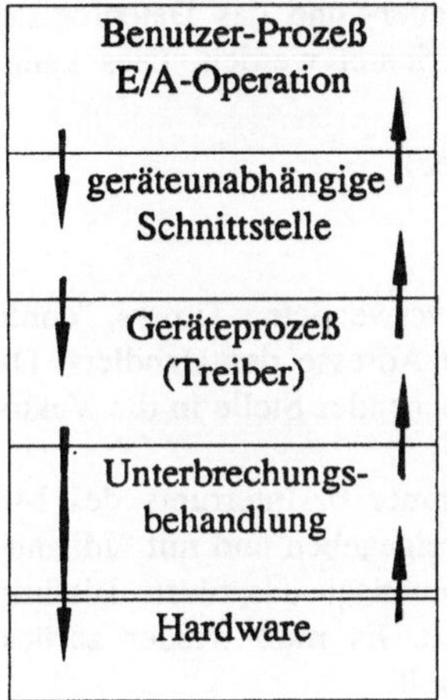

Abb. 6.3

Uniforme Schnittstelle für Geräteprozeß bereitstellen
Gerätenennung und Geräteschutz
(Zugriffsrechte überprüfen)
Bereitstellen geräteunabhängiger Speicherblöcke
Puffern von Speicherblöcken
Besetzen und Freigabe des Geräts
Speicherplatzallokation auf Gerät
Fehlererkennung und -Report

6.2 Timer-Interrupts

Vom Standpunkt des Systemprogrammierers aus gesehen, sind Zeitgeber-Bausteine - sogenannte Timer - interruptfähige Geräte, die initialisiert werden müssen und eine Interrupt-Service-Routine benötigen. Als Beispiel für die Behandlung asynchroner

Unterbrechungen wollen wir uns deshalb einen Handler für Interrupts eines Timers des ATARI-Multifunktionsbausteins MFP 68901 einrichten. Der MFP-Chip fungiert u.a. als Interrupt-Controller, dessen Register geeignet gesetzt werden müssen. Er entscheidet, welche Interruptsignale an den Prozessor weitergereicht werden. Beim IBM-PC erfüllt der Chip 8259A eine ähnliche Funktion (vgl. Kap. 9.2).

Der Handler soll nichts weiter tun als zu veranlassen, daß 'tick' oder 'warten' ausgegeben wird. Dazu müssen das Steuer- und das Datenregister des Timers entsprechend geladen und der Handler eingerichtet werden. Dies kann durch den XBIOS-Aufruf "xbtimer" geschehen:

```
xbtimer(timer,control,data,vec)
int timer,control,data;
long vec;
```

Es ist "timer" die Nummer des verwendeten Timers, "control" und "data" sind Initialisierungsdaten und "vec" ist die Adresse des Handlers. Diese Adresse wird mit dem Aufruf von "xbtimer" an entsprechender Stelle in die Vektortabelle eingetragen.

Wir wählen Timer A mit Nummer 0. Interrupts des MFP-Chips werden mit dem XBIOS-Aufruf "Jenabint(13)" freigegeben und mit "Jdisint(13)" wieder gesperrt.
Nach jedem Interrupt wird automatisch das fünfte Bit im IISA-Register (Interrupt In Service) des MFP-Chips gesetzt. Es muß wieder zurückgesetzt werden, wenn ein neuer Interrupt zugelassen sein soll.

Interrupt-Handler sollten natürlich nie explizit aufgerufen werden. Sie erhalten die Kontrolle vielmehr durch Interrupts und sollten deshalb auch parameterlose Prozeduren sein.

Wir wollen zwei Beispiele vorstellen. Im ersten Beispiel ist der Interrupt-Handler Teil der Applikation. Es ist deshalb ratsam, nach Beendigung des Applikationsprogramms nicht nur den Timer wieder abzuschalten, sondern auch den ursprünglichen Handler wieder zu restaurieren; Abb. 6.4a.

Abb. 6.4a

```
* Behandlung von Timer-Interupts
* Datei Timer.S

XBIOS     .equ  14
TimerA    .equ  0
xbtimer   .equ  31
Jenabint  .equ 27
Jdisint   .equ 26
iisa      .equ  $FFFFFA0F
T1        .equ  1000
T2        .equ  3
```

```
         .TEXT
initTimerA    move.l #handler,-(sp) * Timer-Handler einrichten
              move.w #64,-(sp)
              move.w #3,-(sp)       * Vorteiler 16
              move.w #TimerA,-(sp)
              move.w #xbtimer,-(sp)
              trap   XBIOS
              add.l  #12,sp
              move.l D0,oldexc      * alten Handler merken

main          move.w #T1,D6         * Applikation
              move.l #T2,D5
              move.l #text7,D0

              jsr    printline
              jsr dircon

              move.w #13,-(sp)      * enable MPF-Interrupt
              move.w #Jenabint,-(sp)
              trap   #XBIOS
              addq.l #4,sp

warten        move.l store,D0
              jsr    printline
              subq.l #1,D6
              tst.w  D6
              bne    warten

ende          move.w #13,-(sp)      * disable MPF-Interrupt
              move.w #Jdisint,-(sp)
              trap   #XBIOS
              addq.l #4,sp
              move.l oldexc,-(sp)   * alter Handler
              move.w #0,-(sp)       * Timer abschalten
              move.w #0,-(sp)
              move.w #0,-(sp)
              move.w #31,-(sp)
              trap   XBIOS
              add.l  #12,sp
              jmp term

handler         movem.l D0-D7/A0-A6,-(sp)
                move.l  #text1,store *.....tick.....
                subq.l  #1,D5
                tst.w   D5
                bne     stp
                move.l #text2,store  *..bitte warten..
                move.l  #T2,D5
stp             movem.l (sp)+,D0-D7/A0-A6
                bclr    #5,iisa      *      Next Tick
                rte
```

```
          .INCLUDE SYSCAL.S

* Einige BIOS- und GEMDOS - Funktionen

          .DATA
          .EVEN
text1:    .dc.b  '................. tick ......',13,10,0
text2:    .dc.b  '.............. bitte  warten......',13,10,0
text7:    .dc.b  '......HO.....',13,10,0

          .BSS
oldexc    .ds.l 1
store     .ds.l 1
          .END
```

Nun zu unserem zweiten Beispiel; Abb. 6.4b. Als erstes wird die Länge des Programms berechnet. Die Information dazu steht in der sogenannten Basisseite des Programms. Die Adresse der Basisseite befindet sich in Register A6. Die Programmlänge wird benötigt, um das Programm speicherresident zu machen, d.h. das Betriebssystem soll nach Beendigung des Programms dessen Speicherplatz nicht freigeben. Nach Ausführung des Programms bleibt damit der Handler sozusagen als Teil des Laufzeitsystems präsent. Dann wird der Handler eingerichtet und anschließend wird das Programm resident gemacht und beendet (GEMDOS-Funktion 31 Hex bzw. 21 Hex in MS-DOS). Die Länge des Programms (einschließlich der Länge $100 der Basisseite) kann auch direkt auf den Stapel gelegt werden (wie in Beispiel 7.3 gezeigt).

Abb. 6.4b

```
* Installation des Timer A
* Datei TimerInt.S
        .TEXT
GEMDOS  .equ   1
XBIOS   .equ   14
TimerA  .equ   0
xbtimer .equ   31

iisa    .equ   $FFFFFA0F
iera    .equ   $FFFFFA07

bas     .equ.l A6                 *  Adresse der Basisseite
len     .equ.l D6                 *  Programml änge
res     .equ.l $31                *  Systemaufruf ptermres
T       .equ.b 3                  *  Zählerwert

* Programm - Start: Länge des Programms berechnen

           move.l  4(sp),bas
           move.l  #$100,len
```

```
            add.l   12(bas),len
            add.l   20(bas),len
            add.l   28(bas),len

            move.b #T,delay         * Textausgabe
            move.l #text4,D0
            jsr    printline
            jsr    dircon

* Timer - Handler einrichten

initTimerA  move.l #handler,-(sp)
            move.w #64,-(sp)
            move.w #3,-(sp)
            move.w #TimerA,-(sp)
            move.w #xbtimer,-(sp)
            trap   #XBIOS
            add.l  #12,sp
            move.l D0,oldexc

            move.w #13,-(sp)        * Disable Interrupts
            move.w #26,-(sp)
            trap   #XBIOS
            addq.l #4,sp

ptermres    clr.w  -(sp)            * Programm resident machen
            move.l len,-(sp)
            move.w #res,-(sp)
            trap   #GEMDOS


* Handler - Routine

handler     movem.l D0-D6/A0-A6,-(sp) * Register retten
            bclr    #5,iera           * Stop Timer
            bclr    #5,iisa           * Enable MFP Interrupts
            andi.w  #$F3FF,SR         * Überprüfe wichtige
            tst.w   $43E              * Interruptquellen
            bne     stp
            btst    #2,8(sp)
            bne     stp

            move.l  #text1,D7       * Behandle Timer-Interrupt
            subi.b  #1,delay
            tst.b   delay
            bne     stp
            move.l  #text2,D7
            move.b  #T,delay

stp         bset    #5,iera
            movem.l (sp)+,D0-D6/A0-A6
            rte
```

```
            .INCLUDE SYSCAL.S
*  Einige BIOS - und GEMDOS - Funktionen

            .DATA
            .EVEN
text1:   .dc.b  '......... ...........tick ...',13,10,0
text2:   .dc.b  '.................bitte  warten...',13,10,0
text4:   .dc.b  '.......install......',13,10,0

            .BSS
oldexc   .ds.l 1
delay    .ds.b 1
            .END
```

Ist der Interrupt noch für weitere Handler vorgesehen, so sollte unser Handler statt mit rte mit

move.l oldexc,A0
jmp (A0)

enden, damit nach dessen Ausführung auch noch derjenige Handler angesprungen wird, der vor der Installierung des neuen Handlers in die Vektortabelle eingetragen war.

Abb. 6.5 zeigt ein Rahmenprogramm für TimerInt. Es gibt als erstes die Interrupts frei und dann den Text aus, der vom Handler ausgewählt wurde (Warteschleife).

Abb. 6.5

```
* Demonstrationsprogramm
* Datei TimerDemo.S

XBIOS     .equ 14
T         .equ 1000
Jenabint  .equ  27
Jdisint   .equ  26

          .TEXT
main         move.l #T,D4
             move.l #text3,D0
             jsr    printline
             jsr    dircon
             move.l #text7,D7

warten
             move.w #13,-(sp)
             move.w #Jdisint,-(sp)  * Disable Interrupts
             trap   #XBIOS
             addq.l #4,sp
             move.l D7,D0
             jsr    printline
```

```
          move.w #13,-(sp)        * Enable MPF-Interrupt
          move.w #Jenabint,-(sp)
          trap   #XBIOS
          addq.l #4,sp
          move.l #text7,D7
          subq.l #1,D4
          tst.w  D4

          bne    warten

ende
          move.w #13,-(sp)        * Disable MPF-Interrupt
          move.w #Jdisint,-(sp)
          trap   #XBIOS
          addq.l #4,sp
          jsr    dircon
          jmp    term

       .INCLUD SYSCAL.S
* Einige BIOS - und GEMDOS - Funktionen

       .DATA
       .EVEN

text3:    .dc.b  '.....TimerDemo.....',13,10,0
text7:    .dc.b  '........HO.........',13,10,0

       .END
```

In Kapitel 9 werden wir ein Modula-2-Programm für die Behandlung von Timer-Interrupts kennenlernen. Die Unterbrechungsbehandlung soll dann aber von einer Coroutine vorgenommen werden. (Ein entsprechendes Programm für den IBM-PC finden Sie in [HöM] auf Seite 164). Wir werden dazu das folgende Bibliotheksmodul für das Setzen der Timer-Daten- und Steuer-Register verwenden; Abb. 6.6.

Abb. 6.6

```
DEFINITION MODULE InstallTimer;
FROM SYSTEM IMPORT ADDRESS;

PROCEDURE TimerVecAdr():ADDRESS;
PROCEDURE InitTimer;
PROCEDURE TimerStop;
PROCEDURE FirstTick;
PROCEDURE NextTick;

END InstallTimer.
```

Auch für dieses Definitionsmodul sei ein Implementationsmodul gezeigt; Abb. 6.7. Darin werden die MFP-Register direkt, und nicht über Systemaufrufe, angesprochen.

Für die Übersetzung des Programms sind bestimmte Compiler-Optionen auszuwählen, die zum einen die Stack- und Bereichsüberprüfungen abschalten (Optionen: $S,$T) und zum anderen für Prozeduren, die Timer-Register direkt ansprechen und deshalb im Supervisor-Modus auszuführen sind, unterbinden, daß ein normaler Rücksprung generiert wird (Option: $P).

Abb. 6.7

```
IMPLEMENTATION MODULE InstallTimer;
FROM XBIOS IMPORT  SuperExec,
                   EnableInterrupt,DisableInterrupt;
FROM SYSTEM IMPORT ADDRESS,CODE,BYTE;

(*      Compileroptionen setzen          *)
(*$S-   Stack-Überprüfung abschalten     *)
(*$T-   Bereichs-Überprüfung abschalten *)

CONST RTS = 04E75H;
      TAdr = 0134H;

VAR TimerAddress[TAdr]:ADDRESS;
     OldAddress        :ADDRESS;

PROCEDURE TimerVecAdr():ADDRESS;
BEGIN
 RETURN TAdr
END TimerVecAdr;

PROCEDURE InitTimer;
 BEGIN
  SuperExec(Start)
 END InitTimer;

PROCEDURE FirstTick;
 BEGIN
  EnableInterrupt(13)
 END FirstTick;

(*$P- Kein normaler Prozedur-Rücksprung *)

PROCEDURE Start;    (* Im Kernmodus auszuführen *)
VAR ControlTimerA[0FFFA19H] : BYTE;
    DataTimerA[0FFFA1FH]    : BYTE;
BEGIN
 OldAddress     := TimerAddress;
 ControlTimerA  := BYTE(5);
 DataTimerA     := BYTE(192);
 CODE(RTS)
END Start;
(*$P+*)
```

```
PROCEDURE TimerStop;
 BEGIN
  SuperExec(Stop);
  DisableInterrupt(13)
 END TimerStop;

(*$P-*)
PROCEDURE Stop;   (* Im Kernmodus auszuf ühren *)
VAR ControlTimerA[0FFFA19H] : BYTE;
    DataTimerA[0FFFA1FH]    : BYTE;
BEGIN
 ControlTimerA := BYTE(0);
 DataTimerA    := BYTE(0);
 TimerAddress  := OldAddress;
 CODE(RTS)
END Stop;
(*$P+*)

PROCEDURE NextTick;
BEGIN
 SuperExec(next);
END NextTick;

(*$P-*)
PROCEDURE next; (* Im Kernmodus auszuf ühren *)
VAR iisa[0FFFFFA0FH]: BYTE;
BEGIN
 iisa := BYTE(BITSET(iisa) - {5});
 CODE(RTS)
END next;
(*$P+*)

END InstallTimer.
```

Coroutinen als Handler für Interrupts vorzusehen, ist eine, aber nicht die einzige Möglichkeit, Unterbrechungen in Modula-2-Programmen zu behandeln. Im folgenden, einfachen Beispiel ist dargelegt, wie auch eine interruptgetriebene Modula-2-Prozedur als Handler installiert werden kann; Abb. 6.8 (TDI-Modula). Der Handler soll nichts anderes tun, als eine Meldung aufzusetzen. Er muß mit der In-Line-Maschineninstruktion RTE abgeschlossen werden. Die Meldung des Handlers wird dann vom Hauptprogramm ausgegeben, das danach den Interrupt, der automatisch vom MFP-Chip gesperrt wurde, wieder freigibt.

Abb. 6.8

```
MODULE TimerA;
FROM SYSTEM         IMPORT CODE;
FROM XBIOS          IMPORT SuperExec;
FROM InstallTimer IMPORT InitTimer,TimerStop,
                             FirstTick,NextTick;
FROM InOut          IMPORT WriteString,WriteLn,Read;
FROM Strings        IMPORT String;

CONST RTE  = 04E73H;
      RTS  = 04E75H;
      stop = 100;

VAR       message  : String;
    TimAdr[0134H] : PROC;

(*$P-*)
PROCEDURE SetA;    (* Im Kernmodus auszuf ühren *)
BEGIN
 TimAdr := THandler;
 CODE(RTS)
END SetA;
(*$P+*)

PROCEDURE SetIntPro;
VAR IntPro : PROC;
BEGIN
   SuperExec(SetA)
END SetIntPro;

VAR z :CARDINAL;
(*$P-*)
PROCEDURE THandler;
BEGIN
  (* ---------------------------- *)
  (*   Interrupt- Behandlung      *)
  (* ---------------------------- *)
  z := (z+1) MOD 3 ;
  CASE z OF
   0: message := " Interrupt : 0 "|
   1: message := " Interrupt : 1 "|
   2: message := " Interrupt : 2 "
  END;
  CODE(RTE)
END THandler;
(*$P+*)

VAR W : CARDINAL;
    c : CHAR;

BEGIN
```

```
  InitTimer;
  SetIntPro;
  WriteString(" Start ");Read(c);
  W := 0;message := " Beginn der Interrupts ";
  FirstTick;
  WHILE W < stop DO W := W + 1;
  WriteString(message);WriteLn;
  NextTick
  END;
  TimerStop;
  WriteString(" TimerStop : Letzte Meldung ");
  WriteString(message);
  Read(c)
END TimerA.
```

Eine "Kleinigkeit" ist zu beachten. GEMDOS ist (leider) nicht reentrantfähig. Von GEMDOS-Routinen benutzte Datenbereiche können von concurrenten Prozessen überschrieben werden. Deshalb mußten wir selbst dafür sorgen, daß Prozeduren, in denen GEMDOS-Aufrufe vorkommen, nicht unterbrochen werden können. In den entsprechenden Modula-2-Programmen müssen wir diese Prozeduren in Monitor-Moduln unterbringen. Zu diesen Prozeduren zählen unter anderem auch die Ein- und Ausgabeprozeduren. Dazu lassen sich, wie schon erwähnt, in Modula-2 (Software-) Prioritäten an Moduln vergeben. Diese Prioritäten werden (in Form von Nummern) dem Modulnamen in eckigen Klammern beigefügt. Damit wird unterbunden, daß Interrupts mit gleicher oder geringerer (Hardware-) Priorität die Ausführung der Prozeduren dieser Moduln unterbrechen.

In unserem Beispiel wird der erste eintreffende Interrupt manchmal Schwierigkeiten bereiten. Wir können sie vermeiden, wenn wir im Anweisungsteil statt WriteString und WriteLn die Prozeduren Write.String und Write.Ln aus dem folgenden lokalen Modul verwenden:

Abb. 6.9

```
MODULE Write[6];
(* Software- Priorit ät 6 *)
IMPORT WriteString,WriteLn;
EXPORT Ln,String;

PROCEDURE Ln;
 BEGIN WriteLn
END Ln;

PROCEDURE String(VAR s:ARRAY OF CHAR);
  BEGIN WriteString(s)
END String;

END Write;
```

7. INTERNE AUSNAHMEN

Unter einer internen Ausnahme versteht man das Eintreten eines Prozeß- oder Prozessorzustands während der Programmausführung, der es nicht sinnvoll erscheinen läßt oder gar unmöglich macht, im Programm normal weiterzufahren. Dann ergibt sich die Notwendigkeit, die Ausnahmesituation zu beheben. Diese Aufgabe wird am besten einem eigens dafür vorgesehenen Programmteil, dem Ausnahmebehandler oder wiederum kurz Handler (exception handler), übertragen. Interne Ausnahmen werden von der Hardware oder vom Laufzeitsystem ausgelöst. Standardausnahmen sind z.B. Ansprechen nichtvorhandener Speicherplätze, Stapelüberlauf oder Division durch 0. Ausnahmen können aber auch vom Benutzer definiert werden.

7.1 Intern erzeugte Ausnahmen

Die einfachste Weise, eine Ausnahme zu behandeln, ist, das Programm anzuhalten. Meist kommt man jedoch nicht umhin, die Ausnahmesituation auch zu bereinigen. Systemprogrammierer sollten deshalb ohne größere Umstände eigene Ausnahmen definieren und dazu Handler einrichten können. Dann kann die Ausnahmebehandlung von der normalen Programmausführung separiert werden, was sinnvoll ist, da beide Aufgaben meist sehr verschieden sind.

Im Handler wird versucht, die Ursache für die Ausnahme aufzudecken und sie dann zu beseitigen. Gelingt die Fehlerbehebung, so kann im normalen Programmfluß weitergefahren werden. Der Aufruf des Handlers entspricht in diesem Fall einem Prozeduraufruf. Gelingt jedoch die Fehlerbehebung nicht, wird der Handler verlassen und die Ausnahmemeldung an den Handler der nächsthöheren virtuellen Maschine weitergereicht (exception propagation). Abbildung 7.1 illustriert einen möglichen Ablauf der Ausnahmebehandlung. Es wurde angenommen, daß bei (1) eine Ausnahme ausgelöst wurde. Sie konnte vom lokalen Handler nicht behoben werden, der sie deshalb bei (2) an den Handler der nächsthöheren virtuellen Maschine weitergereicht hat. Diesem gelingt es bei (3), die Ausnahme zu beheben.

An den Schnittstellen zwischen den virtuellen Maschinen lassen sich zwei Arten von Ausnahmen unterscheiden [AnL], nämlich Schnittstellen-Ausnahmen und Mißerfolgs-Ausnahmen; vgl. Abb. 7.2. Eine Schnittstellen-Ausnahme entsteht, wenn eine virtuelle Maschine von einer darunterliegenden virtuellen Maschine eine Dienstleistung anfordert und dabei die Schnittstellen-Konvention nicht einhält, wenn z.B. falsche Parameter verwendet wurden. Eine Mißerfolgs-Ausnahme wird erzeugt, wenn die betroffene virtuelle Maschine die Ausnahme nicht selbst behandeln kann.

Abb. 7.1 Ausnahmebehandlung

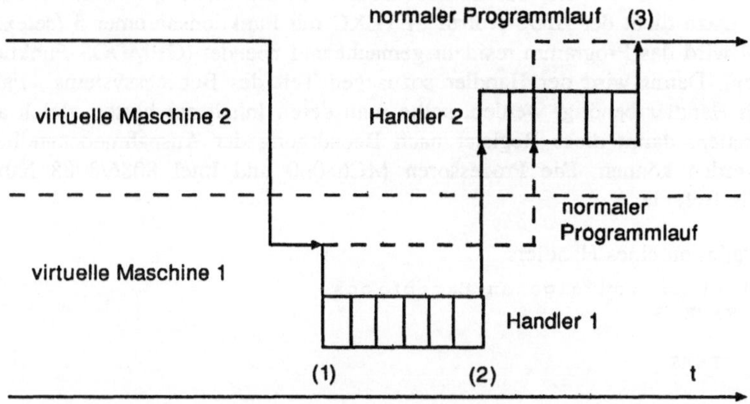

Abb. 7.2 Ausnahmen

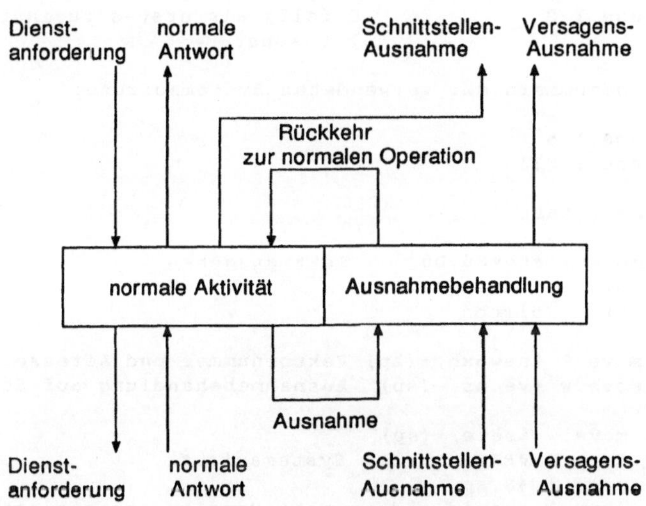

In TOS können eigene Ausnahmebehandlungen über den Systemaufruf SETEXC (Set exception, BIOS-Nummer 5) eingerichtet werden. Abbildung 7.3 demonstriert dies.

Der Handler wird durch einen Systemaufruf (Trap 0) aktiviert. Entsprechend lassen sich auch Handler für asynchrone Unterbrechungen einrichten.

Als erstes wird die Adresse des Ausnahmebehandlers in die Interrrupt-Vektor-Tabelle eingetragen. Dazu dient der BIOS-Aufruf SETEXC mit Funktionsnummer 5 (setexc). Anschließend wird das Programm resident gemacht und beendet (GEMDOS-Funktion 49 : ptermres). Damit wird der Handler sozusagen Teil des Betriebssystems. Falls Register vom Handler benötigt werden, sollte man deren Inhalt am besten gleich auf den Stapel retten, damit diese Register nach Beendigung der Ausnahmebehandlung restauriert werden können. Die Prozessoren MC68000 und Intel 8086/8088 haben dafür spezielle Befehle.

Abb. 7.3 Installation eines Handlers

```
*Installation von eigenen Exceptions
*Datei EXCE.S

        .TEXT

* Konstanten und Adressen:

vecnr  .equ   $20              Vektornummer
vecold .equ.l D0               alter Vektor
bas    .equ.l A6               Adresse der Basisseite
len    .equ.l D6               Programmlaenge
first  .equ.l 0                0 falls als erstes zu installieren
*                              > 0 sonst

* Funktionsnummern der verwendeten Systemaufrufe:

sete   .equ.l 5
res    .equ.l $31

* Programm- Start

start   move.l #text0,D0       Text ausgeben
        jsr    printline
        jsr    dircon

        move.l #newexc,-(sp) Vektornummer und Adresse der
        move.w #vecnr,-(sp)  Ausnahmebehandlung auf Stapel

setexc   move.w #sete,-(sp)
         trap   #BIOS          Systemaufruf
         addq.l #8,sp
         move.l vecold,oldexc alte Handler-Adresse retten

         move.l #text1,D0      Text ausgeben
         jsr    printline
         jsr    dircon
```

```
          clr    -(sp)

pterm res move.l #endflag-start+$100,-(sp) benötigter Platz
          move.w #res,-(sp)    Programm resident
          trap   #GEMDOS

newexc    move.l #text2,D0     Ausnahmebehandlung
          jsr    printline
          move.w #07,D0
          jsr    conout
          jsr    dircon
          cmpi.b #'q',D0
          bne.b  newexc
  .ifne first
          move.l oldexc,A0
          jmp     (A0)
  .endc
ende      rte

        .INCLUDE SYSCAL.S
* Einige BIOS- und GEMDOS - Funktionen

text0: .dc.b '..Ausnahmehandler installieren..',13,10,0
text1: .dc.b ' Ausnahme: Trap 0 initialisiert ',13,10,0
text2: .dc.b ' ....Ausnahme wird behandelt....',13,10,0

oldexc  .ds.l  1
endflag .dc.w 0
       .END
```

Wenn der Handler über Trap 0 nicht als einziger oder nicht als letzter aufgerufen werden soll, muß die Konstante "first" einen Wert größer 0 haben. Dann werden nämlich auch die in den Assemblerdirektiven eingefaßten Befehle mit übersetzt. Nach Beendigung des Handlers wird dann zum nächsten Trap-0-Handler gesprungen. Soll jedoch der Handler als letzter aktiv werden, so muß er als erster installiert werden und "first" muß den Wert 0 haben. Im Handler "newexc" wird lediglich wiederholt ein Text ausgegeben und nach Eingabe von q wird der Handler wieder verlassen. Das Auslösen der Ausnahme über die Trap 0 wird im Anwendungsbeispiel der Abb. 7.4 demonstriert. Auf eine intern entstandene Ausnahmesituation läßt sich auf diese Weise also mit einem Systemaufruf reagieren. Der Handler steht damit als Laufzeit-Dienst, d.h. als vordefinierter Systemaufruf, zur Verfügung.

Abb. 7.4 Auslösen einer Ausnahme

```
* Anwendung:Ausnahmebehandlung
* Datei EXDEMO.S

        .TEXT
```

```
ausnahme: move.l #text3,D0        Textausgabe
          jsr    printline
          jsr    dircon
          jsr    crlf
          trap   #0               Software-Interrupt
          move.l #text4,D0        Textausgabe
          jsr    printline
          jsr    dircon
          jmp    term

          .INCLUDE SYSCAL.S
* Einige BIOS- und GEMDOS - Funktionen

          .DATA

text3: .dc.b '..Vor Ausloesen der Ausnahme..',0
text4: .dc.b '...nach Ausnahmebehandlung....',0

          .END
```

Dasselbe läßt sich ebensogut mit Modula-2 bewerkstelligen. Es ist dafür lediglich zu dem Definitionsmodul der Abb. 7.5 ein passendes Implementationsmodul zu schreiben. Der Ausnahmehandler wird hier als aktueller Parameter (Argument) an die Funktionsprozedur "SetException" übergeben. In Modula-2 ist es nämlich möglich, Prozeduren einer Variablen oder einem Parameter zuzuweisen. Dazu muß eine Variable oder ein Parameter mit dem entsprechenden Prozedurtyp deklariert und die Prozedur (in unserem Fall der Ausnahmehandler) global definiert worden sein. Als Standardtyp gibt es den Typ PROC für parameterlose Prozeduren. Man kann also z.B. mit

VAR func : PROCEDURE():CHAR

eine Funktionsvariable deklarieren und dieser Variablen eine (parameterlose) Funktions-Prozedur (vom Funktionstyp CHAR) zuweisen:

func := somefunction;

die dann mit func() aufgerufen wird.
Die Programmiersprache C kennt ein ähnliches Konzept, nämlich die Möglichkeit, Zeiger auf Funktionen zu deklarieren. Mit

char (*func)()

wird beispielsweise ein solcher Zeiger deklariert; mit

func = &somefunction;

wird diesem Zeiger die Adresse der Funktion "somefunction" zugewiesen.

Abb. 7.5

```
DEFINITION MODULE Exceptions;

PROCEDURE SetException(Vectornummer:CARDINAL;
                       Handler:PROC);
(* Für Ausnahme mit der Vektornummer einen neuen
   Handler einrichten. Handler mit RTE abschlie ßen. *)
PROCEDURE SetOldException;
(* Zurück zum vorherigen Handler *)

END Exceptions.
```

Wir wollen uns wieder ein Beispiel ansehen. Der Handler befindet sich im Implementationsteil des Moduls Except0. Es ist hier nicht beabsichtigt, den Handler speicherresident zu halten, deshalb muß nach Programmende der alte Ausnahmevektor restauriert werden. Eine entsprechende Prozedur, nämlich Old, wird von Except0 exportiert.

Abb. 7.6

```
DEFINITION MODULE Except0;
(* Modul mit Ausnahmebehandlung *)
FROM Strings IMPORT String;

VAR message : String;
PROCEDURE Old;
(* Restauriert alte Ausnahmebehandlung *)

END Except0.
```

Abbildung 7.7 zeigt eine Anwendung. Es wird lediglich die Ausnahme durch In-Line-Codes ausgelöst. Man beachte aber, daß immer als erstes die Anweisungsteile der importierten Moduln durchlaufen werden; Abb. 7.8.

Abb. 7.7

```
MODULE Ausnahme;
FROM SYSTEM IMPORT CODE;
FROM InOut  IMPORT WriteString,WriteLn,Read;
IMPORT Except0; (* Einrichten des Handlers *)

CONST trap0 = 4E40H;
VAR       c : CHAR;

BEGIN
 WriteString(Except0.message);
 WriteLn;Read(c);
 CODE(trap0); (* Auslösen der Ausnahme *)
 Except0.Old;
 (* Welche Botschaft hat der Ausnahmehandler
    hinterlassen? *)
```

```
 WriteString(Except0.message);
 WriteLn;Read(c)
END Ausnahme.
```

Als nächstes folgen die Implementationsteile der beiden Moduln Exceptions und Exception0.

Abb. 7.8 Implementationsteil von Exceptions

```
IMPLEMENTATION MODULE Exceptions;
FROM SYSTEM IMPORT ADDRESS,CODE;
FROM XBIOS IMPORT SuperExec;

(*      Compileroptionen setzen          *)
(*$S-   Stack-Überprüfung abschalten     *)
(*$T-   Bereichs-Überprüfung abschalten *)

CONST RTS = 04E75H;

VAR VectorNr   :CARDINAL;
    new,old    :PROC;
    Vector[0]  :ARRAY[0..79] OF PROC;

PROCEDURE SetException(Vectornummer:CARDINAL;
                       Handler:PROC);
BEGIN
 VectorNr := Vectornummer;
 new := Handler;
 SuperExec(SetVec);
END SetException;

(*$P-   Kein normaler Prozedurrücksprung *)
PROCEDURE SetVec;
BEGIN
 old := Vector[VectorNr];
 Vector[VectorNr] := new;
 CODE(RTS)
END SetVec;
(*$P+ Option rücksetzen *)

PROCEDURE SetOldException;
BEGIN
 new := old;
 SuperExec(SetVec)
END SetOldException;

END Exceptions.
```

Wie bereits erwähnt, exportiert auch das Modul BIOS unserer Systembibliothek eine Prozedur SetException.

Abb. 7.9 Implementationsteil von Exception0

```
IMPLEMENTATION MODULE Except0;
(* Beispiel für eine Ausnahmebehandlung unter TOS *)
FROM Exceptions IMPORT SetException,SetOldException;
FROM SYSTEM     IMPORT CODE;

(*      Compileroptionen setzen          *)
(*$S-   Stack-Überprüfung abschalten     *)
(*$T-   Bereichs-Überprüfung abschalten *)

CONST   vecnr = 20H;
        RTE   = 04E73H;

(*$P-    Kein normaler Prozedurrücksprung *)

PROCEDURE newexce;
BEGIN
  (* -------------------------------------- *)
  (*            Ausnahmebehandlung          *)
  (* -------------------------------------- *)
 message :=  "  Nach der Ausnahmebehandlung   ";
 CODE(RTE)
END newexce;

(*$P+*)

PROCEDURE Old;
BEGIN
  SetOldException
END Old;

BEGIN
 SetException(vecnr,newexce);
 message := " Vor der Ausnahmebehandlung "
END Except0.
```

Die nächste Abbildung 7.10 zeigt noch einmal ein Beispiel für das Einrichten eines Handlers, diesmal in C. Die Adresse des neuen Handlers wird wieder direkt in die Vektortabelle eingetragen. Etwas einfacher wäre es gewesen, dazu die Funktion Setexec(VektorNr,Adresse) der C-Systembibliothek zu verwenden, die ihrerseits die BIOS-Funktion SETEXC aufruft.

Abb. 7.10

```
/* exceptions.c
** Ausnahme umleiten: Trap 0
*/
#include <osbind.h>
#define VectorAdr 0x080 /*  32 * 4 Bytes    */
#define SIZE      ...   /*  Programmgröße   */
```

```
long newexec()
 {
  /* Ausnahmebehandlung */
  ....................
  ....................
 /*   für Megemax-C    */
 asm  /*  In-Line-Code  */
  {
   unlk A6
   rte
  }
 }

/* Hauptprogramm */
main()
 {
  long newexec();
  long *pointer;
  long svstack;

  /* In Kernmodus umschalten */
  svstack = Super(0);

  pointer  = (long*)VectorAdr;
  *pointer = (long)newexec;

  Super(svstack);
 /*  Zurück zum Benutzermodus     */
 /*  Programm resident beenden     */
  Ptermres(SIZE,0);
 }
```

Wie wir wissen, wird durch Aufruf der Funktion

```
void Ptermres(Speicher,Rueckgabe)
long Speicher;word Rueckgabe;
```

das Progamm resident installiert und dann beendet. Von Modula-2 (TDI) aus läßt sich dies wie folgt mit einer einzigen Anweisung erreichen.

```
IMPORT GEMDOS;
IMPORT GEMX;

  ::::::::::::::

WITH GEMX.BaseTableAddress^ DO
  GEMDOS.TermRes(CodeLen+BssLen+
      LONGCARD(CodeBase- ADDRESS(BaseTableAddress)),0)
END;
```

Nach der Art und Weise, wie ein Handler die Behandlung einer Ausnahme abschließt, falls er sie nicht weiterreicht, unterscheidet man zwischen sogenannten Escape-, Notify-, Retry- und Signal-Exceptions. Eine Escape-Exception führt nach der Ausnahmebehandlung zum Abbruch der betroffenen Operation. Notify-Exceptions bewirken, daß die Operation, die die Ausnahme ausgelöst hat, an der Unterbrechungsstelle wieder aufgenommen wird. Eine Retry-Exception bewirkt, daß nach der Ausnahmebehandlung die betroffene Operation erneut gestartet wird. Dem Handler einer Signal-Exception stehen alle drei Möglichkeiten offen.

7.2 Ausnahmebehandlung in Anwendungen

Es kann, wie erwähnt, manchmal sinnvoll sein, in Systemprogrammen auch Ausnahmen zu definieren, die von den Anwendungen behandelt werden sollen. Wie dies in Modula-2 möglich ist, zeigt das nächste Beispiel. Modula-2 selbst stellt zwar keine Ausnahmebehandlung auf Sprachebene zur Verfügung. Das Konzept der Prozedurtypen erweist sich jedoch für die Ausnahmebehandlung als sehr nützlich.

Man kann z.B. in den Prozeduren, die Objekte Abstrakter Datentypen eines Systemprogramms erzeugen, Prozedurparameter für Handler vorsehen, die bei Auftreten einer Ausnahme aufgerufen werden sollen. Die Definition der Ausnahmehandler selbst wird dem Benutzer des Abstrakten Datentyps überlassen. Er hat eine entsprechende Prozedur des vorgegebenen Typs bereitzustellen. Auf diese Weise ist es dem Benutzer möglich, für jedes erzeugte Objekt eine individuelle Ausnahmebehandlung einzurichten. Das Auslösen der Ausnahme, und damit der Sprung in die Ausnahmebehandlung erfolgt, wenn ein inkorrekter Zustand des Objekts erkannt wird oder versucht wurde, eine unzulässige Operation darauf auszuführen.

Abb. 7.11 soll dieses Vorgehen an dem uns inzwischen wohlbekannten Abstrakten Datentyp STACK verdeutlichen. Eine Ausnahme wird ausgelöst, wenn kein ausreichender Speicherplatz für die Vergrößerung des Stapels mehr vorhanden ist oder sobald versucht wird, ein Element von einem leeren Stapel zu entnehmen. Dies ist ein Beispiel für die wohl häufigste Art von Ausnahmen, nämlich solche, die auftreten, wenn der Zustand eines Objekts geändert wird. Der Zustand allein, z.B. Stapel ist leer, kennzeichnet noch keine Ausnahmesituation.

Abb. 7.11

```
DEFINITION MODULE STACKX;
FROM SYSTEM IMPORT BYTE, ADDRESS;

TYPE tStack;
 tException = (illegalOperation,MemoryOverflow,
               StackOverflow);
(*PROCEDURETYP*) ExceptionHandler
                   = PROCEDURE(tException);

PROCEDURE create(VAR s:tStack; hndlr:ExceptionHandler;
```

```
                    msize:CARDINAL);
  PROCEDURE isEmpty(s:tStack): BOOLEAN;
  PROCEDURE push(VAR data:INTEGER; VAR s:tStack);
  PROCEDURE pop(VAR data:INTEGER; VAR s:tStack);

  END STACKX.
```

Ein Klientenmodul könnte wie folgt aussehen. Es entspricht bis auf die Ausnahmebehandlung dem Beispiel StackDemo2. Die Ausnahmebehandlung besteht darin, den Überlauf auf einen dritten Stapel zu bringen; Abb. 7.12.

Abb. 7.12

```
  MODULE StackDemo4;
  FROM  InOut IMPORT  ReadInt, WriteInt,
                      WriteString,WriteLn;
  FROM  STACKX IMPORT tStack,tException,
                      create,push,pop,isEmpty;

  CONST WARNING = 'Stack - status or operation incorrect';
        end     = 0;

  VAR d:INTEGER;
  VAR stack1,stack2,OverflowStack : tStack;

  PROCEDURE meinHandler1(st:tException);
  BEGIN
   CASE st OF
    illegalOperation :
     WriteString('Handler1: ');
     WriteString(WARNING);
     WriteLn |
    StackOverflow :
     WriteString(' - OVERFLOW ');
     push(d,OverflowStack)
   END
  END meinHandler1;

  PROCEDURE meinHandler2(st:tException);
  VAR i : CARDINAL;
  BEGIN
     WriteString('Handler2 :');
     WriteString(WARNING);
     HALT
  END meinHandler2;

  BEGIN
      WriteString('Demo4 : Ende mit 0');WriteLn;
      WriteString('Geben Sie Integer-Zahlen ein!');
      WriteLn;
      create(OverflowStack,meinHandler2,10);
```

```
      create(stack1,meinHandler1,5);

      ReadInt(d);WriteLn;
      WHILE d <> end DO
        push(d,stack1);
        ReadInt(d);
        WriteLn
      END;
      create(stack2,meinHandler1,6);
      REPEAT (* Achtung, falls stack1 leer *)
      pop(d,stack1); WriteInt(d,8);push(d,stack2)
      UNTIL isEmpty(stack1);
      WriteLn;
      WriteString('OverflowStack :');
      WriteLn;
      WHILE NOT isEmpty(OverflowStack) DO
      pop(d,OverflowStack);WriteInt(d,8);WriteLn
      END;
      ReadInt(d)
  END StackDemo4.
```

Wiederum sei auch ein entsprechendes Implementationsmodul vorgestellt; Abb. 7.13.

Abb. 7.13

```
  IMPLEMENTATION MODULE STACKX;
  FROM SYSTEM IMPORT ADR,BYTE,ADDRESS,TSIZE;
  FROM InOut IMPORT WriteString,WriteLn;
  IMPORT Storage;
  TYPE tLink =   POINTER TO tItem;
  TYPE tItem =   RECORD
                  nextItem : tLink;
                  content  : INTEGER
                 END;

       tStack = POINTER TO tHeader;
       tHeader = RECORD
                    Top     : tLink;
                    Handler:ExceptionHandler;
                    MSize   : CARDINAL;
                    Size    : CARDINAL
                 END;

  PROCEDURE localHandler(ex:tException);
   BEGIN
     WriteString('Local handler invoced');
     HALT
   END localHandler;

  PROCEDURE create(VAR s:tStack;hndlr:ExceptionHandler;
                             maxSize:CARDINAL);
```

```
 BEGIN
  Storage.ALLOCATE(s,TSIZE(tHeader));
  IF s = NIL THEN localHandler(MemoryOverflow)END;
  WITH s^ DO
    Top := NIL;
    Handler := hndlr;
    MSize := maxSize;
    Size := 0
  END
 END create;

PROCEDURE isEmpty(s:tStack):BOOLEAN;
 BEGIN
   RETURN ( s^.Top = NIL )
 END isEmpty;

PROCEDURE push(VAR data:INTEGER; VAR s : tStack);
VAR  newItem : tLink;
 BEGIN
  Storage.ALLOCATE(newItem,TSIZE(tItem));
  IF newItem = NIL
    THEN localHandler(MemoryOverflow) END;
  WITH s^ DO
  IF Size = MSize THEN Handler(StackOverflow)
  ELSE
   Size := Size + 1;
   WITH newItem^ DO
    content := data;
    nextItem := Top
   END;
    Top := newItem
  END (*IF*)
  END (* WITH s^*)
 END push;

PROCEDURE pop(VAR data:INTEGER; VAR s:tStack);
VAR del : tLink;
 BEGIN
  WITH s^ DO
  del := Top;
  IF isEmpty(s) THEN Handler(illegalOperation)
     ELSE
       Size := Size  - 1;
       data := Top^.content;
       Top  := Top^.nextItem
  END;
       Storage.DEALLOCATE(del,TSIZE(tItem))
  END
END pop;

BEGIN
IF NOT Storage.CreateHeap(1024 ,TRUE)
```

```
    THEN localHandler(MemoryOverflow)
  END
  END STACKX.
```

Die Datenstruktur dieser Implementation ist in Abb. 7.14 wiedergegeben.

Abb. 7.14

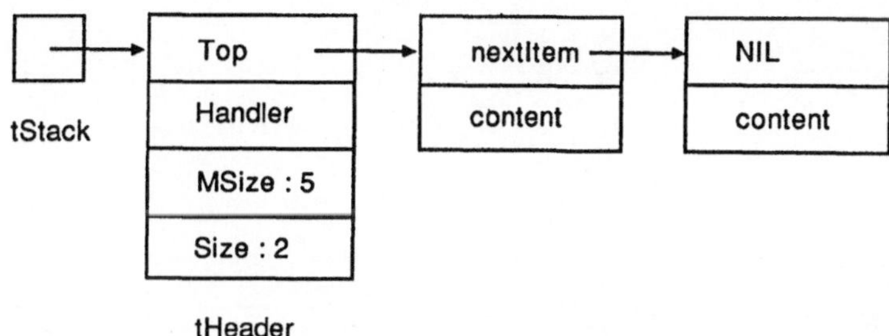

Wichtig für die Ausnahmebehandlung durch den Benutzer ist, daß ihm Meldungen übermittelt werden, die er auch versteht. Nun treten aber Ausnahmen oft in den tieferliegenden virtuellen Maschinen des Systems auf, die für den Benutzer transparent (eigentlich unsichtbar) sind. Der Benutzer kennt die Funktionsweise dieser Maschinen nicht, ja er weis vielleicht gar nicht, daß es sie gibt. Die Ausnahmemeldungen dieser Maschinen sind deshalb für den Benutzer meist unverständlich. Zudem kann ja ein und dieselbe Funktion einer tieferliegenden Maschine in verschiedenen Funktionen höherer Maschinen aufgerufen werden, so daß kein direkter Bezug zwischen Ausnahmesituation und Benutzerintention bestehen muß; vgl. Abb. 7.15. Ausnahmemeldungen sollten deshalb schrittweise, von virtueller Maschine zu virtueller Maschine, so mit Information angereichert werden, daß sie schließlich für den Benutzer verständlich werden.

Ein weiterer, wichtiger Aspekt der Ausnahmebehandlung ergibt sich aus der Frage, was geschehen soll, wenn eine Ausnahmemeldung nicht mehr weitergereicht werden

Abb. 7.15 Aufruf-Hierarchie

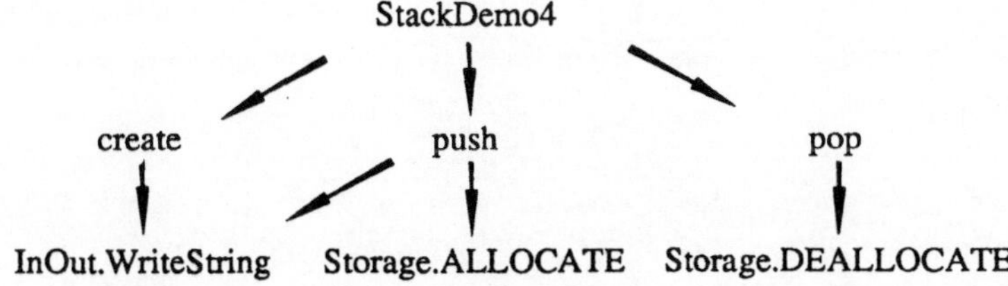

kann, weil kein Handler mehr vorhanden ist. In dieser Situation besteht die Gefahr von Verklemmungen. Auf Verklemmungen werden wir in Kapitel 12 näher eingehen.

TEIL II

NEBENLÄUFIGKEIT

8. COROUTINEN

Mit Coroutinen lassen sich mögliche Parallelitäten in der Bearbeitung einer Aufgabe ausdrücken. Sie eignen sich deshalb auch besonders für die Behandlung von internen Ausnahmen und asynchronen Unterbrechungen.

8.1 Das Coroutinenkonzept

Coroutinen stellen eine Erweiterung des Prozedur-Konzepts dar. Wenn eine Prozedur aufgerufen wird, beginnt ihre Ausführung immer bei ihrer ersten Anweisung. Die Prozedur wird dann vollständig abgearbeitet. Abweichungen von dieser Regel entstehen lediglich durch Unterbrechungen in Ausnahmesituationen. Eine Coroutine kann dagegen auch nur teilweise abgearbeitet werden. Mit ihrer Ausführung wird zu einem späteren Zeitpunkt am Unterbrechungspunkt fortgefahren. Dadurch ist es möglich, den Rechner quasigleichzeitig mehrere Aufgaben erledigen zu lassen. Während des Editierens eines Programms kann so "im Hintergrund" ein Compiliervorgang ablaufen, der immer dann den Prozessor erhält, wenn der Programmierer nachdenkt. Für den Programmierer entstehen dabei keine längeren Wartezeiten. Eine andere Aufgabe, die typischerweise von einer Coroutine übernommen werden könnte, ist die eines Druckerspoolers.

Eine Coroutine kann also ihren Ablauf unterbrechen und den Programmzähler einer anderen Coroutine überlassen. Sie gibt damit die Kontrolle ab (Quasiparallelität). In der Regel wird sie die Kontrolle zu einem späteren Zeitpunkt wieder erhalten. Zu jedem Zeitpunkt ist aber immer nur eine Coroutine aktiv. Nach der Kontrollabgabe bleiben - anders als bei Rückkehr aus einem Unterprogramm - die Werte aller lokalen Objekte der Coroutine erhalten. Der Zustand der Coroutine wird sozusagen am Unterbrechungspunkt eingefroren. Die Kontrollübergabe geschieht explizit, d.h. die beauftragte Coroutine erhält die Kontrolle direkt von der beauftragenden Coroutine, z.B. über die Anweisung RESUME; vgl. Abb. 8.1. Coroutinen, die asynchrone Unterbrechungen behandeln, erhalten die Kontrolle dagegen nicht durch den normalen Kontrolltransfer sondern direkt vom Unterbrechungsmechanismus der Basismaschine. Während zwischen Programm und Unterprogramm die Beziehung Auftraggeber / Beauftragter besteht, ist eine Coroutine meist zugleich Beauftragte und Auftraggeberin.

Spezifiziert ein Programm mehrere Coroutinen, so werden wir es (quasi) concurrent nennen. Für concurrente Programme hat sich auch die aus dem Englischen übernommene Bezeichnung "Multi-Threaded"-Programme eingebürgert.

8.2 Coroutinen in Modula-2

Modula-2 stellt ein Coroutinen-Konzept zur Verfügung, das sich für die Implementierung von Nebenläufigkeit, insbesondere von Prozessen, eignet. In Modula-2 können

Abb. 8.1 Kontrollabgabe bei Coroutinen

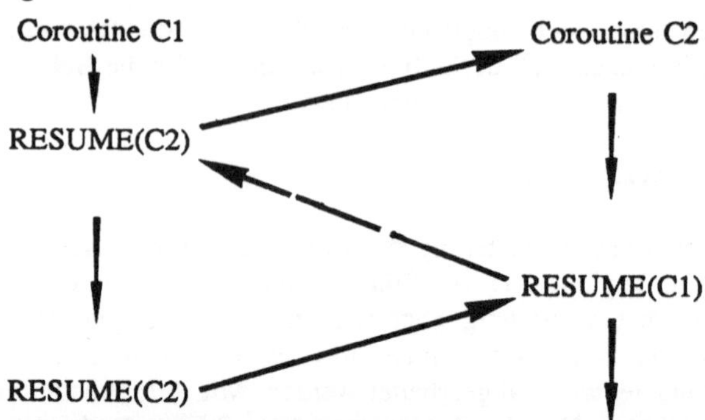

nur parameterlose Unterprogramme - also Prozeduren vom Typ PROC - zu Coroutinen erklärt werden. Diese Beschränkung fällt aber nicht allzusehr ins Gewicht, da sich parameterlose Prozeduren zusammen mit globalen Variablen in lokalen Moduln unterbringen lassen und dadurch die Sichtbarkeit der globalen Variablen nach außen eingeschränkt werden kann. Die Prozeduren dürfen zudem nicht als Unterprogramm in anderen Unterprogrammen deklariert sein; auch rekursive Prozeduren sind ausgeschlossen. Coroutinen können also nur dynamisch, nicht aber statisch verschachtelt werden. Die Umwandlung einer Prozedur in eine Coroutine erfolgt durch den Aufruf der Prozedur NEWPROCESS meist vom Hauptmodul aus. Der Aufruf der Prozedur TRANSFER aktiviert (startet) die Coroutine. Die Coroutine kann dann die Kontrolle mittels TRANSFER einer anderen Coroutine oder auch wieder an das Hauptmodul übergeben. NEWPROCESS und TRANSFER müssen vom Pseudomodul SYSTEM importiert werden. Die Kontrollübergabe an eine Coroutine geschieht über eine der Coroutine zugeordnete Variable (Coroutinenzeiger). Diese Variable ist vom Typ ADDRESS und weist auf eine Datenstruktur, die den Zustand der Coroutine zum Zeitpunkt der Unterbrechung beschreibt. In diesem Coroutinen-Beschreibungsblock werden u.a. die Registerwerte zum Zeitpunkt der Unterbrechung festgehalten. (In der älteren Modula-Version haben Coroutinen-Variable den Typ PROCESS, der ebenfalls aus SYSTEM zu importieren ist).

Eine Coroutine muß, wie gesagt, erst erzeugt werden, bevor sie gestartet werden kann. Dazu ist ausreichender Speicherplatz (Arbeitsbereich, workspace) bereitzustellen. Dieser dient u.a. für die Aufnahme des Beschreibungsblocks und der Werte aller lokalen Variablen der Coroutine. Die (Basis)-Adresse A des Arbeitsbereichs und dessen Größe n müssen als Parameter an NEWPROCESS übergeben werden. Den nötigen Speicherplatz und dessen Adresse Adr können Sie sich über ALLOCATE(Adr,n) verschaffen. Sie können dafür aber auch den Speicherplatz einer explizit deklarierten Variablen verwenden und mit der Standardprozedur ADR deren Adresse ermitteln. Nach Aufruf von

NEWPROCESS(P:PROC;A:ADDRESS;n:CARDINAL;VAR new:ADDRESS)

ist der Beschreibungsblock derjenigen Coroutine, deren Variable in "new" übergeben wird, so initialisiert, daß ihre Aktivierung mit der ersten Anweisung der Prozedur, die in "P" übergeben wird, beginnt.

Eine Coroutine besteht also aus einem Code-Segment, einem Datenbereich und einem Beschreibungsblock; Abb. 8.2. Verschiedene Coroutinen können durchaus dasselbe Code-Segment besitzen. Sie werden explizit durch

TRANSFER(VAR source,destination:ADDRESS)

gestartet. Dabei wird der Zustand der aufrufenden Coroutine "source" eingefroren. Die Abarbeitung der an zweiter Stelle explizit genannten Coroutine "destination" wird an ihrem letzten Unterbrechungspunkt fortgesetzt.

Abb. 8.2 Coroutinen-Beschreibungsblock

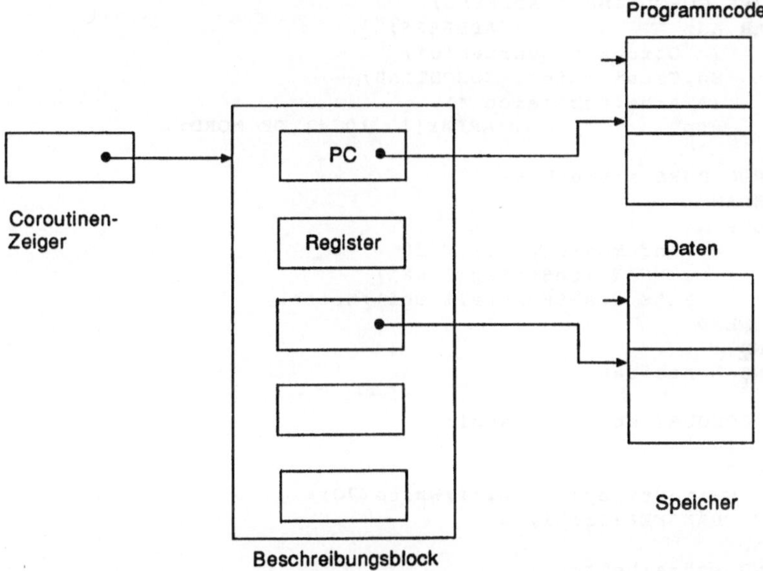

Zu beachten ist, daß die Ausführung einer Coroutine nicht das END des zugeordneten Unterprogramms erreichen darf. Coroutinen dürfen die Kontrolle vielmehr nur explizit durch TRANSFER abgeben. Wird das normale Prozedurende erreicht, so hat dies eine Fehlermeldung und den Programmabbruch zur Folge.

Mit dem folgenden einfachen Beispiel, Abb. 8.3, soll lediglich die Erzeugung von Coroutinen und die Kontrollabgabe illustriert werden. Es werden zwei Coroutinen Ha und Tschi erzeugt, die sich dann abwechselnd den Programmzähler übergeben.

Abb. 8.3 Beispiel

```
MODULE HaTschi;
FROM SYSTEM   IMPORT ADDRESS,WORD,ADR,SIZE,
                     NEWPROCESS,TRANSFER;
FROM Storage  IMPORT ALLOCATE;
FROM Random   IMPORT RandomCard;
FROM Terminal IMPORT Write,WriteLn,WriteString;

TYPE COROUTINE = ADDRESS;
VAR Adr            : ADDRESS;
    (* Coroutinenvariable*)
    Ha,Tschi,main  : COROUTINE;
    (* Arbeitsbereich *)
    wsp            : ARRAY[1..1024] OF WORD;

PROCEDURE schreibeHa;
BEGIN
LOOP
   IF RandomCard(0,20) < 20
      THEN WriteString(' ha')
      ELSE TRANSFER(Ha,Tschi);WriteLn
   END
END
END schreibeHa;

PROCEDURE schreibeTschi;
BEGIN
LOOP
   WriteString('tschi');Write(7C);
   TRANSFER(Tschi,Ha)
END
END schreibeTschi;

BEGIN
   NEWPROCESS(schreibeHa,ADR(wsp),SIZE(wsp),Ha);
   (*Die eine Art Speicher bereitzustellen *)
   ALLOCATE(Adr,1024);
   NEWPROCESS(schreibeTschi,Adr,1024,Tschi);
   (*die andere Art                        *)
   TRANSFER(main,Ha)
END HaTschi.
```

Anmerkung: TRANSFER ist so implementiert, daß der zweite Parameter gelesen wird, bevor der erste die Adresse der aufrufenden Coroutine zugewiesen bekommt. Man hätte also anstelle der beiden Coroutinen-Variablen Ha und Tschi auch nur eine einzige, Hatschi, verwenden können.

Modula-2 erlaubt die Behandlung von asynchronen Unterbrechungen mit Hilfe von Coroutinen, die - wie normale Coroutinen - mit SYSTEM.NEWPROCESS erzeugt und mit SYSTEM.TRANSFER gestartet werden können. Diese interrruptgetriebenen Coroutinen können sich dann mit

SYSTEM.IOTRANSFER(VAR from,to:ADDRESS;devicenr:ADDRESS)

für die Behandlung des Unterbrechungswunsches eines bestimmten Geräts anmelden (hier also unter dem Namen "from") und auf das entsprechende Unterbrechungssignal warten. Nach dem Anmelden wird die Kontrolle einer anderen Coroutine (nämlich "to") übergeben. Sobald das Unterbrechungssignal eintrifft, wird sozusagen asynchron ein Coroutinen-TRANSFER(to,from) in den Kontrollfluß eingeschoben. Dadurch wird die interuptgetriebene Coroutine "from" aktiviert. (Der aktuelle Wert von "from" ist also die Adresse des Interrupt-Handlers). Sie muß sich, falls gewünscht, anschließend erneut anmelden.

Anmerkung: Die Anwendung von IOTRANSFER ist nicht immer ganz problemlos. Beim Aufruf von IOTRANSFER ist i.a. nicht bekannt, welche Coroutine bei Eintreffen des Unterbrechungssignals gerade aktiv ist. Sie wird jedoch nach dem asynchronen TRANSFER unter dem Namen "to" bekannt. Ein erneuter Aufruf von IOTRANSFER(from,to) würde zu dieser Coroutine zurückführen. Will man dagegen nach der Unterbrechungsbehandlung immer zur selben Coroutine zurückkehren, so muß deren Adresse in einer lokalen Variable gemerkt werden. Eine etwas andere Vorgehensweise werden wir im Beispiel der Abb. 9.5 kennenlernen.

Einfache Beipiele für eine in Modula-2 geschriebene Unterbrechungsbehandlung (unter MS-DOS) werden wir in Kapitel 9 kennenlernen. Zuvor soll jedoch dargelegt werden, wie sich Coroutinen auch in anderen Sprachen, z.B. in C, realisieren lassen.

8.3 Coroutinen in C

Wie bereits erwähnt, kennt C kein Coroutinen-Konzept. Es gibt jedoch Erweiterungen von C, z.B. ConcurrenC [Com] oder Concurrent C [GeR], die die Möglichkeit für die Programmierung von Coroutinen enthalten. Wir können uns diese Möglichkeit aber auch selbst schaffen, indem wir dazu In-Line-Codes für die Prozeduren NEWPROCESS und TRANSFER verwenden. Diese Routinen müssen folgendes leisten [BeR]:

a) NEWPROCESS:

- initialisiert den Coroutinen-Stack mit der Anfangsadresse der Prozedur als Einsprungadresse des ersten Transfers.

b) TRANSFER:

- rettet die Rücksprungadresse im Stack,
- rettet die Register im Stack,
- macht den Stack der Coroutine, die die Kontrolle erhalten soll, zum neuen Stack
- lädt die Register mit den auf den lokalen Stack geretteten Registerwerten.

Als erstes sei ein entsprechendes Assemblerprogramm für den ATARI vorgestellt. Dieses verwendet die Datei COROUT.S, die in Abb. 8.4 wiedergegeben ist.

Die Routine "newcoroutine" erwartet drei Parameter:

```
void newcoroutine(proc,mm,c)
    long proc;       /* Coroutine                  */
    int  *mm;        /* Zeiger auf Arbeitsbereich */
    long c;          /* Coroutinenzeiger          */
```

Die Routine "transfer" erwartet nur einen Parameter:

```
void transfer(c)
    long c; /* Coroutinenzeiger */
```

Abb. 8.4 Coroutinenfunktionen

```
* Coroutinen- Funktionen
* Datei COROUT.S

        .XDEF _newcoroutine()
        .XDEF _transfer()
        .XREF current
        .TEXT

_newcoroutine                       * prolog:
                                    * Aktualisiert Coroutinenvariable
                                    * der aufrufenden Coroutine
                                    * Auf diese zeigt current.
        link      A6,#-4
        movem.l   D0-D7/A0-A6,-(sp)
        move.l    current,A1
        move.l    sp,(A1)
        move.l    12(A6),A1         * Hole Zeiger auf den
*                                   * lokalen (privaten) Stack
        move.l    A1,sp             * der neuen Coroutine nach sp.
        move.l    current,-(sp)     * Stackpointer der aufrufenden
*                                   * Coroutine auf lokalen Stack,
*                                   * da diese sogleich wieder
*                                   * aktiviert wird.
        move.l 16(A6),current       * Neue Coroutine aktiv gesetzt.
        move.l 8(A6),-(sp)          * Anfangsadresse der neuen Corou-
*                                   * tine auf (ihren) lokalen Stack.
```

```
_transfer                           * prolog.
        link        A6,#-4
        movem.l     D0-D7/A0-A6,-(sp)
        move.l      current,A1
        move.l      sp,(A1)

        move.l      8(A6),A1        * Hole Stackpointer der zu
        move.l      (A1),sp         * aktivierenden Coroutine
*                                   * nach sp.
        move.l      A1,current      * Setze sie aktiv.

        movem.l (sp)+,D0-D7/A0-A6   * Restauriere die Register.
        unlk        A6
        rts                         * aktiviert Coroutine
```

Als erstes wird mit dem link-Befehl der Inhalt von Register A6 auf den Stack gebracht und dann der Wert des Stackpointers nach A6 kopiert. Anschließend werden die übrigen Registerinhalte auf den Stack und der Stackpointer in die Variable der aktiven Coroutine kopiert. Auf diese Variable zeigt current. Damit sind nun alle Register frei verfügbar.

Bei Erzeugen einer Coroutine geschieht dann folgendes. Die erzeugende Coroutine c* richtet für die neue Coroutine c einen Stapel bei Adresse mm ein, legt dort den Wert der eigenen Coroutinenvariablen ab, kennzeichnet die neue Coroutine als aktiv, indem sie current auf deren Coroutinenvariable zeigen läßt, und simuliert dann einen Unterprogrammaufruf in c. Dazu legt sie ihre Rückkehradresse (von c*) auf den Stapel von c. Dann wird transfer durchlaufen.

Die Transfer-Routine rettet zunächst die Prozessorregister und bringt die Coroutinenvariable der aufrufenden Coroutine auf den aktuellen Stand. (Sie enthält damit den aktuellen Stackpointer). Dann bringt sie den Wert der Variablen (Stackpointer) der zu aktivierenden Coroutine in das Stapelzeiger-Register und aktualisiert die Variable current. Nun werden die Register geladen und der RTS-Befehl ausgeführt. Dabei ist zu beachten, daß die Rücksprungadresse als Einsprungadresse auf den privaten Stapel abgelegt war; vgl. Abb 8.5 und 8.6. Abb. 8.5 zeigt den Inhalt des Stacks einer inaktiven Coroutine.

Abb. 8.5 Stack einer inaktiven Coroutine

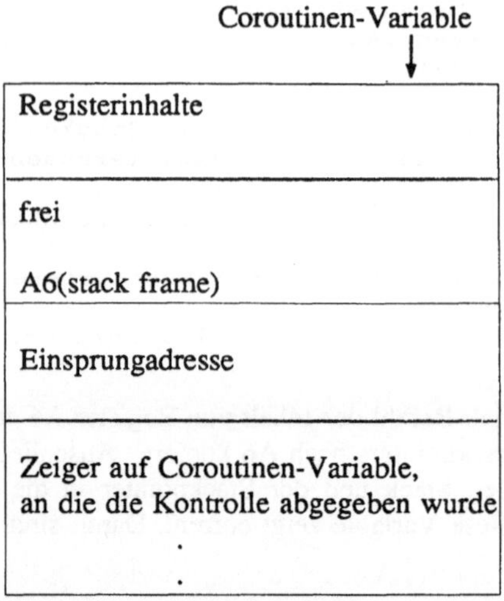

Coroutinen-Variable
↓

Registerinhalte
frei A6(stack frame)
Einsprungadresse
Zeiger auf Coroutinen-Variable, an die die Kontrolle abgegeben wurde . .

An einem einfachen Beispiel soll die Verwendung dieser Funktionen gezeigt werden; Abb. 8.7. Wir benötigen dazu noch ein Modul für die Speicherverwaltung, die wir aber nicht selbst programmieren wollen. Wir werden dafür vielmehr die GEMDOS-Funktionen "setblock" (um Speicher freizugeben) und "malloc" (um Speicher anzufordern) verwenden. Da der Stack zu niedrigeren Adressen hin wächst, muß nach Aufruf von malloc der Stackpointer auf das Ende des Stackbereichs umgesetzt werden.

Das Hauptprogramm erzeugt und aktiviert die Coroutine "hi"; diese erzeugt und aktiviert die Coroutine "ho". Von "ho" kehrt die Kontrolle zum Hauptprogramm und von dort wieder zu "ho" zurück.

Abb. 8.7 Anwendungsbeispiel

```
* Anwendung von Coroutinen
* Datei AnCor.S
      .TEXT
stacksize .equ 1024
len       .equ.l D6
bas       .equ.l A6
XBIOS     .equ   14

init      move.l 4(sp),bas     Bestimme Programmlaenge
          move.l 12(bas),len
          add.l  20(bas),len
          add.l  28(bas),len
```

Abb. 8.6 Kontextwechsel

vor transfer(c2) in c

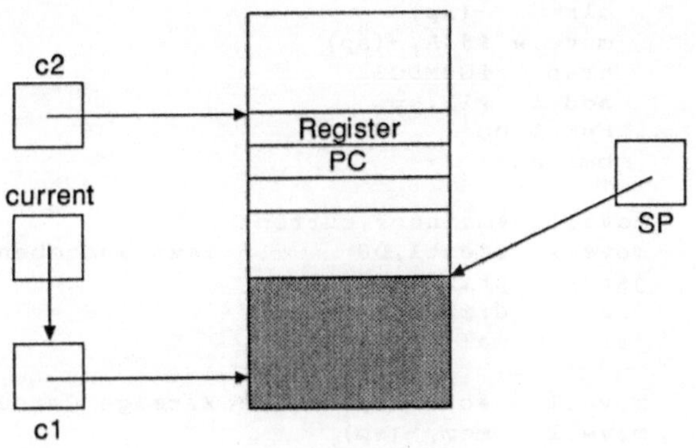

nach transfer(c2)

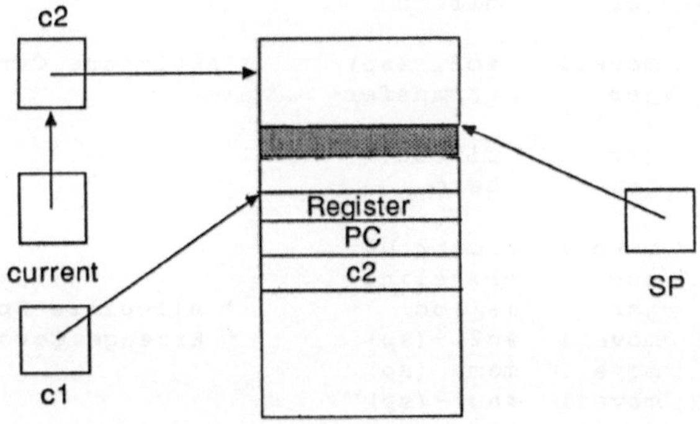

```
          add.l  #$1100,len    Reserviere 4k Bytes fuer Stapel
          move.l bas,D1        Bestimme neuen Anfangswert
          add.l  len,D1        fuer Stapelzeiger
          and.l  #-2,D1        (gerade Adresse)
          move.l D1,sp
*                    setblock: Gebe restlichen Speicher frei
          move.l len,-(sp)
          move.l bas,-(sp)
          clr    -(sp)
          move.w #$4A,-(sp)
          trap   #GEMDOS
          add.l  #12,sp
          tst.l D0
          bmi aus

main    move.l  #maincor,current
        move.l  #text1,D0         * Text ausgeben
        jsr     printline
        jsr     dircon
        jsr     malloc

        move.l   #c1,-(sp)        * Erzeuge Coroutine c1
        move.l   mem,-(sp)
        move.l   #hi,-(sp)
        jsr      _newcoroutine

        move.l   #c1,-(sp)        * und aktiviere sie
        jsr      _transfer

        move.l   #text1,D0
        jsr      printline
        jsr      dircon

        move.l   #c2,-(sp)        * Aktiviere Coroutine c2.
        jsr      _transfer

        jsr      dircon
aus     jmp      term

hi      move.l  #text2,D0
        jsr     printline
        jsr     malloc             * Allociere Speicherplatz
        move.l  #c2,-(sp)          * Erzeuge Coroutine c2
        move.l  mem,-(sp)
        move.l  #ho,-(sp)
        jsr     _newcoroutine
        move.l  #c2,-(sp)
        jsr     _transfer          * und aktiviere sie.

ho      move.l  #text3,D0
        jsr     printline
        move.l  #maincor,-(sp)   * Aktiviere Hauptprogramm
```

```
        jsr      _transfer
        move.l   #text3,D0
        jsr      printline
        move.l   #maincor,-(sp)   * Aktiviere Hauptprogramm
        jsr      _transfer

malloc  move.l   #stacksize,-(sp) * Alloziere Speicher fuer
        move.w   #$48,-(sp)       * lokalen Coroutinen-Stack
        trap     #GEMDOS
        addq.l   #6,sp
        tst.w    D0
        bmi      aus
        move.l   D0,mem
        add.l    #stacksize,mem
        and.l    #-2,mem
        rts

        .INCLUDE COROUT.S
        .INCLUDE SYSCAL.S
* Einige BIOS- und GEMDOS - Funktionen
        .DATA
        .EVEN
text1 .dc.b  ' .....im Hauptprogramm.....',13,10,0
text2 .dc.b  ' ......hi.........hi.......',13,10,0
text3 .dc.b  ' ......ho.........ho.......',13,10,0

        .BSS
        .EVEN
current     .ds.l 1     * Zeiger auf Variable der
*                       * jeweils aktiven Coroutine

maincor     .ds.l 1     * Coroutinenvariable zeigen
c1          .ds.l 1     * auf die lokalen Stacks der Coroutinen
c2          .ds.l 1
mem         .ds.l 1

        .END
```

Das Modul COROUT läßt sich nun auch von C aus verwenden. Besonders einfach wird dies, wenn C-Compiler und Assembler das gleiche Format für Objektdateien verwenden. Die Assemblerroutinen brauchen dann einfach nur aufgerufen zu werden.

In der folgenden C-Anwendung, Abb. 8.8, wird wiederum die globale Variable "current" verwendet, die der jeweils aktiven Coroutine zugeordnet ist. Diese Variable wird wie zuvor mit dem Wert der entsprechenden Variable des Hauptprogramms initialisiert. Das Anlegen eines neuen Stacks für eine Coroutine geschieht über den System-Aufruf 'calloc'.

Abb. 8.8 Anwendungsbeispiel

```
/* Beispiel für die Verwendung
** von Coroutinen in C
** coroutinen.c
*/

#include <stdio.h>
#include <corout.h>
#define stacksize 1000

int *mem;
long maincor,c1,c2;
void hi(),ho();

main()
{
 char ch;
 ptintf("....im Hauptprogramm ....\n);
 current = &maincor;
 mem = (int*)calloc(stacksize,sizeof(int))+stacksize;
 newcoroutine(hi,mem,&c1);
 transfer(&c1);
 printf("....im Hauptprogramm....\n");
 transfer(&c2);
 printf("....im Hauptprogramm....\n");
}

hi
{
 printf("....hi....hi....\n");
 mem = (int*)calloc(stacksize,sizeof(int))+stacksize;
 newcoroutine(ho,mem,&c2);
 transfer(&c2);
}

ho
{
 printf("....ho....ho....\n");
 transfer(&maincor);
 printf("....ho....ho....ho....\n");
 transfer(&maincor);
}
end_modul;
```

Das Schnittstellen-Modul lautet:

Abb. 8.9a

```
/*
** corout.h
*/
#define public extern
#define void int
#define end_modul

public void newcoroutine();
public void transfer();
public long *current;
end_modul;
```

Das Implementations-Modul ist, wie gesagt, davon abhängig, ob und wie Assembler-Code in das C-Programm eingebunden werden kann. Abb. 8.9b zeigt eine Implementierung für den Megamax-C-Compiler.

Abb.8.9b

```
/*
** corout.c
*/
#define void int
#define end_modul

void newcoroutine(proc,mm,c)
long proc;
int *mm;
long c;
 {
  asm
  {
      movem.l   D0-D7/A0-A6,-(A7)
      move.l    current(A4),A1  * Globale Variable werden
      move.l    A7,(A1)         * ueber Register A4 erreicht.
      move.l    12(A6),A1       * Hole Zeiger auf den
*                               * lokalen Stack der
      move.l    A1,A7           * neuen Coroutine nach sp.
      move.l    current(A4),-(A7)  * Stackpointer der aufr.
*                               * Coroutine auf lokalen Stack,
*                               * da wieder aktiviert.
      move.l 16(A6),current(A4)   * Neue Coroutine aktiv.
      move.l 8(A6),-(A7)        * Adresse der neuen Corou-
*                               * tine auf lokalen Stack.
      link      A6,#-4          * Simuliere ein transfer
      movem.l   D0-D7/A0-A6,-(A7)
      move.l    current(A4),A1
      move.l    A7,(A1)

      move.l    8(A6),A1        * Hole Stackpointer der ursprl.
      move.l    (A1),A7         * Coroutine nach sp
```

```
          move.l    A1,current(A4) * Setze sie aktiv.

          movem.l (A7)+,D0-D7/A0-A6
    }
  }

void transfer(c)
long c;
 {
  asm
   {
          movem.l   D0-D7/A0-A6,-(A7)
          move.l    current(A4),A1
          move.l    A7,(A1)
          move.l    8(A6),A1       * Hole Stackpointer der zu
          move.l    (A1),A7        * aktivierenden Coroutine
*                                  * nach sp.
          move.l    A1,current(A4) * Setze sie aktiv.

          movem.l (A7)+,D0-D7/A0-A6
   }
 }
end_modul;
```

Wir könnten jetzt noch einen Schritt weitergehen und die Coroutinenfunktionen als Systemdienste verankern, indem wir dazu z.B. die Trap 0 mit Funktionsnummer 1 für NEWPROCESS und Funktionsnummer 2 für TRANSFER verwenden. Im wesentlichen wäre folgendes zu tun:

- Anpassen der Coroutinenfunktionen und Erstellen des Ausnahmehandlers,
- Berechnen der Programmlänge,
- Eintragen des Ausnahmehandlers in die Vektortabelle und
- Programm speicherresident machen.

Der Ausnahmehandler übernimmt die Funktionsnummer und aktiviert die entsprechende Coroutinenfunktion. Als Übung kann man sich auch überlegen, wie sich ein IOTRANSFER realisieren ließe.

9. UNTERBRECHUNGSBEHANDLUNG MIT COROUTINEN

In diesem Kapitel wollen wir an Hand zweier Beispiele die Behandlung von Interrupts mit Hilfe von Coroutinen demonstrieren und anschließend das sogenannte Konsumenten-Produzenten-Problem etwas näher erörtern.

9.1 Timer-Interrupts

Als erstes Beispiel für die Behandlung asynchroner Unterbrechungen mit Coroutinen sei ein Modul vorgestellt, das nichts weiteres tut als bei jedem Timer-Interrupt einen Zähler zu erhöhen und, wenn dieser einen bestimmten Stand erreicht hat, eine Meldung auszugeben; Abb. 9.4. Die Schnittstelle zu unserem systemspezifischen Bibliotheksmodul InstallTimer (siehe Kapitel 6.2) soll wie folgt aussehen; Abb. 9.1 .

Abb. 9.1 Schnittstelle Timer

```
DEFINITION MODULE Timer;
IMPORT SYSTEM;

VAR caller:SYSTEM.ADDRESS;
PROCEDURE SetTimer(handler:PROC;n:CARDINAL);
PROCEDURE StopTimer;

END Timer.
```

Nach Aufruf von SetTimer wird der in "handler" übergebene Handler immer dann aktiv, wenn n Ticks des Timers eingetroffen sind. Für spätere Zwecke wird auch eine Coroutinen-Variable exportiert. Die Implementation, Abb. 9.2, enthält die interruptgetriebene Coroutine "timercor", deren einzige Aufgabe das Erhöhen des Zählers und der Aufruf eines vom Benutzer spezifizierten Handlers ist. Sie wird mit Aufruf von SetTimer erzeugt und zum erstenmal aktiviert.

Abb. 9.2

```
IMPLEMENTATION MODULE Timer[6];
FROM SYSTEM IMPORT ADDRESS,NEWPROCESS,TRANSFER,
                   ADR,TSIZE,IOTRANSFER,WORD;
FROM InstallTimer IMPORT InitTimer,FirstTick,
                         NextTick,TimerVecAdr,TimerStop;

TYPE WSP = ARRAY[1..512] OF WORD;
TYPE ClockDescriptor = RECORD
                         Period,
                         Counter :CARDINAL;
                         Handler :PROC;
                         wsp     :WSP
                        END;
```

```
VAR     timer   : ADDRESS;
        Clock   : ClockDescriptor;

PROCEDURE SetTimer(handler:PROC; n:CARDINAL);
BEGIN
WITH Clock DO
 Counter := 0;Period := n;
 Handler := handler;
 NEWPROCESS(timercor,ADR(wsp),TSIZE(WSP),timer);
END;
 InitTimer;
 TRANSFER(caller,timer);
 FirstTick
END SetTimer;

PROCEDURE StopTimer;
BEGIN TimerStop END StopTimer;

PROCEDURE timercor;
BEGIN
 LOOP
  IOTRANSFER(timer,caller,TimerVecAdr());
  Clock.Counter := (Clock.Counter + 1) MOD Clock.Period;
  IF Clock.Counter = 0 THEN Clock.Handler END;
  NextTick
 END
END timercor;

END Timer.
```

Nach jedem Interrupt muß die Coroutine erneut angemeldet werden. Und i.a. muß noch vor der Anmeldung der entsprechende Interrupt wieder zugelassen werden (NextTick). Es ist dann aber notwendig, den Interrupt noch solange zu maskieren, bis IOTRANSFER ausgeführt ist. Dies wird durch die Priorisierung des Moduls erreicht. Wir werden dieses Modul in Kapitel 10 verwenden. Hier soll nur ein einfaches Beispiel, Abb. 9.4, zeigen, daß die Realisierung der Unterbrechungsbehandlung als Coroutine dem Benutzer gänzlich verborgen werden kann.

Da GEMDOS, wie bereits erwähnt, nicht wiedereintrittsfähig ist, dürfen Ein-/-Ausgabefunktionen nicht unterbrochen werden. Deshalb sind sie eigens in einem priorisierten Modul zusammengefaßt; Abb. 9.3.

Abb. 9.3

```
DEFINITION MODULE Write;

PROCEDURE String(VAR s:ARRAY OF CHAR);
PROCEDURE Ln;
PROCEDURE Card(c:CARDINAL);
```

```
END Write.

IMPLEMENTATION MODULE Write[6];
(* Ein Monitor- Modul mit Priorit ät 6*)
FROM InOut IMPORT WriteString,WriteLn,WriteCard,Read;

PROCEDURE String(VAR s:ARRAY OF CHAR);
BEGIN
  WriteString(s)
END String;

PROCEDURE Ln;
BEGIN
  WriteLn
END Ln;

PROCEDURE Card(c:CARDINAL);
BEGIN
  WriteCard(c,6)
END Card;

END Write.
```

Mit Vergabe der Priorität werden Timer-Interrupts maskiert, solange eine Prozedur dieses Moduls ausgeführt wird. Im Beispiel der Abb. 9.4 wird nun der Timer-Handler eingerichtet und seine Aktion beobachtet.

Abb. 9.4 Demonstrationsbeispiel

```
MODULE TimerDemo;
FROM Timer         IMPORT SetTimer,StopTimer;
FROM InOut         IMPORT WriteString,Read;
                   IMPORT Write;

CONST R1 = 1000;
      R2 = 1;
VAR   Z1,Z2 : CARDINAL;

PROCEDURE Handler;
BEGIN
  Z2 := (Z2 +1) MOD 64000
END Handler;
VAR ch :CHAR;

BEGIN
 Z1 := R1; Z2 := R2;
 SetTimer(Handler,102);
LOOP
  Write.Card(Z1);Z1 := Z1 - 1;
  Write.String(' ....TACK....');
```

```
    Write.Card(Z2);Write.Ln;
    IF Z1 = 0 THEN EXIT END
  END;
   StopTimer;
   WriteString('Ende der Interruptbehandlung');
   Read(ch)
  END TimerDemo.
```

9.2 Emulation eines Terminals

Unser nächstes Beispiel diene dazu, einen IBM-PC als Terminal für einen Wirtsrechner (Host) zu betreiben; Abb. 9.7. Es behandelt die IO-Schnittstelle, die Tastatur und den Bildschirm als Peripherie. Diese wird mit den Instruktionen INBYTE und OUTBYTE angesprochen. DOSCALL ist die Schnittstelle für Systemdienste. Die Tastatur wird vom Programm ständig abgefragt (gepollt), während die Coroutine "remote" mit "RemoteInput" auf Interrupts des Interruptcontrollers reagiert, um Daten des Hosts von der IO-Schnittstelle zu übernehmen.

In der für dieses Beispiel verwendeten Modula-2-Implementierung (M2SDS von Interface Technologies) ist die Schnittstelle der Interruptbehandlung etwas anders als im letzten Beispiel vorgegeben.

Die Prozedur

SETIO(server,consumer:ADDRESS;va,slot:CARDINAL)

nimmt die Bindung einer Coroutine an einen Interrupt vor.
Es ist

- *va:* die Adresse eines Interrupt-Vektors,
- *server:* die Variable der Coroutine, die den Interrupt bedient,
- *consumer:* die Variable der Coroutine, an die nach der Interruptbehandlung die Kontrolle zurückkehren soll,
- *slot:* eine Integerzahl aus [0..7];
  sie dient als Identifikation (handle) des Interrupt-Handlers.

Mit Aufruf von

IOTRANSFER(slot:CARDINAL)

wird der Handler angemeldet und die Kontrolle zurückgegeben. Der ursprüngliche Handler wird nach jedem Interrupt restauriert; vgl. dazu Abb. 9.5.

Abb. 9.5 Vektoradressen

```
DEFINITION MODULE SetIntVec;
FROM SYSTEM IMPORT ADDRESS;
EXPORT QUALIFIED GetVec,SetVec;

PROCEDURE GetVec(n:CARDINAL;VAR addr:ADDRESS);
(* Holt die augenblickliche Vektoradresse mit Nummer n *)
PROCEDURE SetVec(n:CARDINAL;addr:ADDRESS);
(* Setzt neue Vektoradresse *)

END SetIntVec.


IMPLEMENTATION MODULE SetIntVec;
FROM SYSTEM IMPORT ADDRESS,SWI,
                   RegAX,RegBX,RegDS,RegDX,RegES;

TYPE tAdr = RECORD
              CASE BOOLEAN OF
               TRUE  : adr :ADDRESS |
               FALSE : OFF,SEG : CARDINAL
              END
            END;

PROCEDURE GetVec(n:CARDINAL;VAR addr:ADDRESS);
(* Holt die augenblickliche Vektoradresse mit Nummer n *)
VAR ad:tAdr;
BEGIN
 RegAxX := 3500H + n;
 SWI(21H);   (* DOSCALL *)
 ad.SEG := RegES;
 ad.OFF := RegBX;
 addr   := ad.adr
END GetVec;

PROCEDURE SetVec(n:CARDINAL;addr:ADDRESS);
(* Setzt neue Vektoradresse *)
VAR ad :tAdr;
BEGIN
  RegAX  := 2500H + n;
  ad.adr := addr;
  RegDS  := ad.SEG;
  RegDX  := ad.OFF;
  SWI(21H)
END SetVec;
END SetIntVec.
```

In unserem Beispiel eines Terminalemulators kehrt die Kontrolle nach der Interruptbehandlung zum Hauptprogramm zurück. Dieses befindet sich in einer

Warteschleife, in der es ständig die Tastatur und einen Puffer abfrägt (aktives Warten, polling). Es geht prinzipiell auch ganz ohne Interrupts. Polling ist aber i.a. weniger effizient als die Reaktion auf Interrrupts. Es ist jedoch meist einfacher zu implementieren und leichter zu kontrollieren, da sich Polling-Frequenz und -Reihenfolge (bei mehreren Datenquellen) fest vorgeben lassen.

Wir benötgen noch geeignete Ein-Ausgabeprozeduren. Diese sind im Modul INOUTB zu finden; Abb. 9.6. Außerdem benötigen wir eine Prozedur, mit der sich die IO-Schnitstelle initialisieren läßt. Der Einfachheit halber haben wir diese aus dem Bibliotheks-Modul RS232Int importiert. (Dieses Bibliotheks-Modul enthält außerdem bereits die Terminal-Emulation.)

Abb. 9.6 IO-Befehle

```
DEFINITION MODULE INOUTB;
EXPORT QUALIFIED INBYTE,OUTBYTE;

PROCEDURE OUTBYTE(port:CARDINAL;ch:CHAR);
PROCEDURE INBYTE(port:CARDINAL;VAR ch:CHAR);

END INOUTB.


IMPLEMENTATION MODULE INOUTB;
FROM SYSTEM IMPORT CODE,RegAX,RegDX;

PROCEDURE OUTBYTE(port:CARDINAL;ch:CHAR);
BEGIN
 RegDX := port;
 port := ORD(ch);
 RegAX := port;
 CODE(0EEH)
END OUTBYTE;

PROCEDURE INBYTE(port:CARDINAL;VAR ch:CHAR);
BEGIN
 RegDX := port;
 CODE(0ECH);
 ch := CHR(RegAX)
END INBYTE;

END INOUTB.
```

Abb. 9.7 zeigt unser Beispiel. Ein realistischer Terminalemulator ist natürlich wesentlich komplexer. Zu seinen Aufgaben gehören u.a. neben der Behandlung von Ausnahmen z.B. auch die Vorverarbeitung der empfangenen Zeichen und die Ausführung lokaler Kommandos.

Abb. 9.7 Terminal-Emulator

```
MODULE TermEmul;
 (* Terminalemulator fuer IBM-PC unter PC-DOS *)
 (*                  M2SDS-Modula              *)
FROM SYSTEM     IMPORT ADDRESS,ADR,NEWPROCESS,TRANSFER,
                       SETIO,IOTRANSFER,SIZE,SWI,CODE;
FROM DOSCALL    IMPORT ReadConsoleNoEcho,ConsoleOutput,
                       InputReady;
FROM RS232Int   IMPORT InitPort;
FROM INOUTB     IMPORT INBYTE,OUTBYTE;

CONST handle = 0;
      Esc    = 33C;
VAR   TastaturZch,
      HostZch    : CHAR;

MODULE RemoteInOut;
IMPORT handle,InitPort,IOTRANSFER,INBYTE,OUTBYTE,CODE,SWI;
EXPORT RemoteInput,putchr,BSize,buffer,in,out,
       StartIO,StopIO;
(*     IO-Ports          *)
CONST  DataReg           = 03F8H;(* TX-Puffer   *)
       StatReg           = 03FDH;(* Line Status *)
       ModmCntlReg       = 03FCH;
       IntEnablReg       = 03F9H;

       I8259portA        = 21H;(* Int Mask Register *)
       I8259portB        = 20H;

       Rdy               = 5;   (* Fertig-Bit        *)
       BSize             = 256;(* Puffergr öße       *)
       EOI               = 20H;(* End of Interrupt *)
       va                = 48;  (* Vektoradresse     *)

VAR HostZch : CHAR;
    buffer  : ARRAY[0..BSize - 1] OF CHAR;
    in,out  : CARDINAL;

PROCEDURE RemoteInput;
(* Interrupt - Handler *)
BEGIN
LOOP
  IOTRANSFER(handle);
  INBYTE(DataReg,HostZch); (* Zeichen puffern *)
  buffer[in] := HostZch;
  in := (in + 1) MOD BSize;
  CODE(0FAH);                (* Disable Int      *)
  OUTBYTE(I8259portB,CHR(EOI));
  CODE(0FBH);                (* Enable Int       *)
END
END RemoteInput;
```

```
PROCEDURE putchr(VAR ch:CHAR);
VAR stat : CHAR;
BEGIN
   INBYTE(StatReg,stat);
   IF (Rdy IN BITSET(ORD(stat))) THEN
      OUTBYTE(DataReg,ch);
      ch := 0C;
END;
END putchr;

PROCEDURE StartIO();
VAR dummy : CHAR;
BEGIN
  INBYTE(DataReg,dummy);
  CODE(0FAH);        (* Disable Int *)
  OUTBYTE(ModmCntlReg,10C);
  OUTBYTE(IntEnablReg,01C);
  OUTBYTE(I8259portA,CHR(0A4H));
  CODE(0FBH);        (* Enable Int  *)
END StartIO;

PROCEDURE StopIO();
BEGIN
  SWI(12);
  CODE(0FAH);        (* Disable Int *)
  OUTBYTE(I8259portA,CHR(0A4H));
  OUTBYTE(IntEnablReg,0C);
  OUTBYTE(ModmCntlReg,0C);
  CODE(0FBH);        (* Enable Int  *)
END StopIO;

BEGIN
  in := 0; out := 0; (* Leere Puffer *)
  InitPort(1,9600,8,2,0);
END RemoteInOut;

VAR polling,remote:ADDRESS;
    wsp :ARRAY[0..1024] OF CARDINAL;
    wait1,wait2:LONGINT;

BEGIN
 remote  :=  ADR(wait1); (*Hilfskonstruktion f ür Coroutinen*)
 polling :=  ADR(wait2);
 NEWPROCESS(RemoteInput,ADR(wsp),SIZE(wsp),remote);
 SETIO(remote,polling,va,handle);
 TRANSFER(polling,remote);
 StartIO();

 TastaturZch := 0C;HostZch := 0C;
 LOOP
  (* Ist etwas an den Host zu senden ? *)
  IF InputReady() THEN
```

```
        ReadConsoleNoEcho(TastaturZch);
                    (* DOS-Funktion 7H *)
     END;
     IF TastaturZch = Esc THEN
        EXIT;
     END;
     IF TastaturZch <> 0C THEN
        putchr(TastaturZch);
     END;
     (* Hat der Host etwas gesendet ? *)
     IF (in <> out) THEN (* Ringpuffer nicht leer *)
         HostZch := buffer[out];
         buffer[out] := 0C;
         out := (out + 1) MOD BSize;
     END;
     IF HostZch  <> 0C THEN
        ConsoleOutput(HostZch);
         (* DOS-Funktion 2H *)
        HostZch := 0C;
     END;
   END;
   StopIO();
 END TermEmul.
```

Abbildung 9.8 zeigt den Datenfluß der Terminal-Emulation und Abbildung 9.9 den Kontrollfluß.

9.3 Das Produzenten-Konsumenten-Problem

Ein typischer Terminal-Treiber nimmt Daten von einem Eingabegerät entgegen, gewöhnlich einer Tastatur, und speichert sie, um sie dann dem Betriebssystem oder einem Host-Rechner weiterzureichen. In der Regel erzeugt er auch ein Echo der Daten auf einem Ausgabegerät, z.B. dem Bildschirm. Er ist auch für die Ausgabe der Daten zuständig, die ihm das Betriebssystem oder der Host-Rechner übermitteln. Terminal-Treiber können recht komplex werden, da es meist möglich sein soll, sie in verschiedenen Operationsmodi zu betreiben, und sie auch in der Lage sein sollen, verschiedene Gerätetypen zu unterstützen. Typische Treiber-Schnittstellen sind :
open(): Eröffenen einer logischen Verbindung zu einem Gerät; close(): Schließen der logischen Verbindung; ioctl(): Steuerfunktion; read(): Bereitstellen eines Empfangspuffers und warten auf Daten; write(): Übergeben von Daten an einen Sendepuffer.

Die Aufgabe, einen Terminal-Treiber zu schreiben, stellt den Systemprogrammierer vor eine Reihe von Problemen, die unter dem Begriff "Produzenten-Konsumenten-Problem" zusammengefaßt werden. Verallgemeinert besteht die Aufgabe darin, eine Menge cooperierender Coroutinen zu entwerfen, von denen einige Dateneinheiten produzieren, die andere konsumieren. Dabei sollen Produktions- und Konsumationsraten

Abb. 9.8 Datenfluß

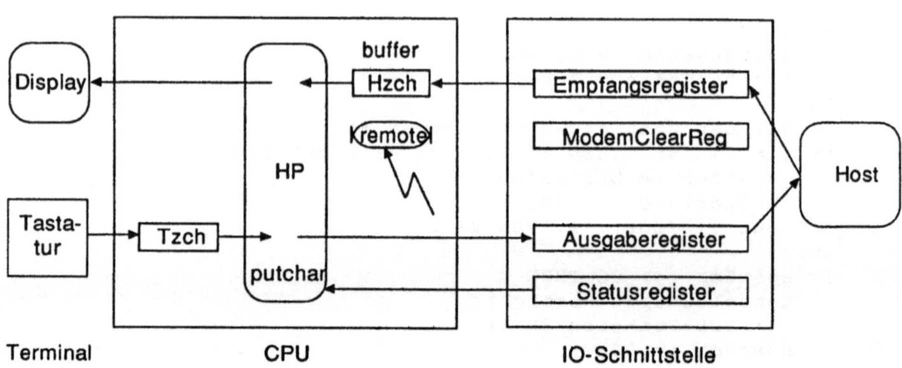

Abb. 9.9 Kontrollfluß

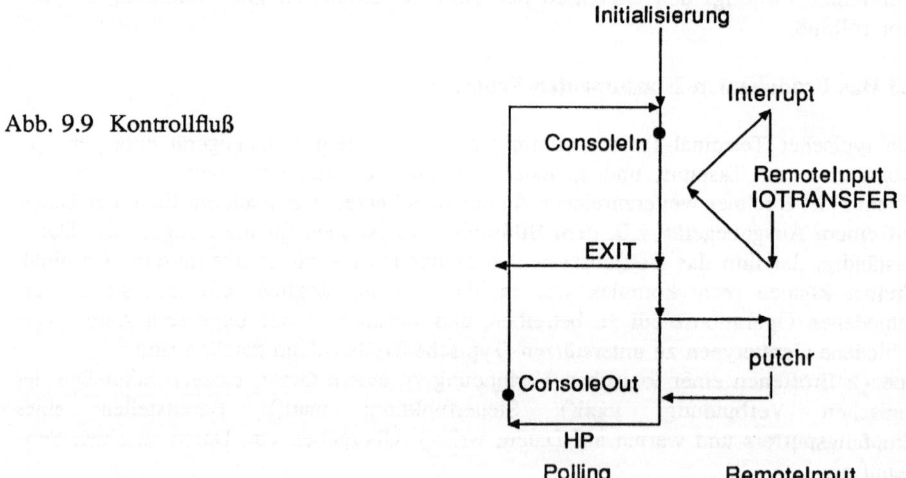

unterschiedlich sein können und dennoch die Dateneinheiten in der Reihenfolge konsumiert werden, in der sie erzeugt wurden.

In Abb. 9.8 spielt das Hauptprogramm z.B. einmal die Rolle des Konsumenten für Zeichen, die die Produzenten "RemoteInput" und "Tastatur" produziert haben, und einmal die Rolle des Produzenten für die Konsumenten "Display" und "Host".

Damit Dateneinheiten in einem Monoprozessor nicht nur produziert sondern auch konsumiert werden, muß jeder Produzent die Kontrolle hin und wieder abgeben. Ebenso muß auch jeder Konsument die Kontrolle wieder abgeben. Geschieht dies jedesmal dann, wenn eine Dateneinheit produziert bzw. konsumiert ist, dann sind die Raten, mit denen produziert und konsumiert wird, gleich. Dies läßt sich vermeiden, indem man einen Pufferbereich für produzierte und noch nicht konsumierte Dateneinheiten bereitstellt. Dann muß man sich aber darüber Gedanken machen, wie garantiert werden kann, daß die Dateneinheiten auch in der richtigen Reihenfolge konsumiert werden. Außerdem ist zu beachten, daß der Pufferbereich nicht beliebig groß sein kann und die Konsumenten feststellen können müssen, ob der Pufferbereich überhaupt gültige Datenelemente enthält. Man nennt Protokolle, die dies regeln, Flußkontroll-Protokolle.

Angenommen wir haben für diese Fragen Lösungen gefunden, dann bleibt immer noch die Frage, an wen sollen die Produzenten und an wen sollen die Konsumenten die Kontrolle abgeben, wenn sie feststellen, daß der Pufferbereich ausgeschöpft bzw. leer ist? Sie müssen ja die Coroutine explizit in ihrer TRANSFER-Anweisung nennen. Wir könnten z.B. immer Paare bilden. Jeder Produzent kennt seinen Konsumenten und umgekehrt. Dadurch wird das System aber unflexibel. Wir können dann nicht ohne weiteres einen weiteren Produzenten hinzufügen, wenn wir z.B. feststellen, daß die Konsumenten meist warten müssen, da der Pufferbereich bereits wieder leer ist und deshalb mehr Daten produziert werden könnten. Besser wäre wohl, wenn ein Konsument, sobald er feststellt, daß der Pufferbereich leer ist, nicht anzugeben bräuchte, an wen er die Kontrolle abgibt, sondern einfach nur solange wartet, bis der Pufferbereich, von wem auch immer, wieder gefüllt wurde.

Um dies zu erreichen, benötigen wir mächtigerere und abstrakterere Konzepte für die Synchronisation und die Koordination von Coroutinen als es der einfache Kontrolltransfer darstellt. Mit solchen Konzepten wollen wir uns in den nächsten Kapiteln befassen.

10. PROZESS-SYSTEME

Allgemein versteht man unter Prozeß einen sich zeitlich abspielenden Vorgang; im speziellen die Ausführung eines Programms, d. h. einen zeitlichen Vorgang, der durch die Anweisungen eines Programms kontrolliert wird. Dazu wird ein Prozessor benötigt. So stellt z.B. das Editieren eines Textes T1 einen Prozeß, das Editieren eines Textes T2, also die Ausführung desselben Programmcodes, einen anderen Prozeß dar. Unter einem Prozeß-System wird eine Familie kooperierender Prozesse verstanden. Aus der Sicht eines Betriebssystems bilden Prozesse die funktionalen Einheiten des Ablaufgeschehens in einem Rechner, die weitgehend unabhängig sind. Sie können (quasi-) gleichzeitig aktiv sein und werden vom Betriebssystem verwaltet. Jedem Prozeß ist ein sogenannter virtueller Prozessor zugeteilt. Ein virtueller Prozessor ist durch einen ihm eigenen Speicherbereich und durch eine Datenstruktur definiert, in der der Programmzählerstand und weitere Registerinhalte des physikalischen Prozessors festgehalten werden können. Damit wird das Betriebsmittel "Prozessor" gewissermaßen vervielfacht (virtualisiert). Jeder dieser virtuellen Prozessoren erhält zeitweilig den Programmzähler eines physikalischen Prozessors zugeteilt, so daß dann der ihm zugeordnete Prozeß ablaufen kann (Quasiparallelität); Abb. 10.1. Mit den Begriffen "Prozeß" und "virtueller Prozessor" wird von den physikalischen Vorgängen innerhalb des oder der Prozessoren einer Rechenanlage abstrahiert und das Ablaufgeschehen auf einer höheren Abstraktionsstufe beschrieben.

10.1 Prozesse

Prozesse können durch ein concurrentes Programm spezifiziert sein, durch dessen Ausführung sie erzeugt werden. Diese Prozesse bilden ein Prozeß-System und teilen sich einen gemeinsamen Adressraum. I.a. sind sie auch nicht der Betriebssystem-Maschine sondern einer höheren virtuellen Maschine zugeordnet. Es hat sich eingebürgert, solche Prozesse als Leichtgewichts-Prozesse zu bezeichnen.

Auch diesen Prozessen sind virtuelle Prozessoren zugeteilt. Die Zuteilung virtueller Prozessoren an die Prozesse eines Prozeß-Systems (d.h. im wesentlichen auch das Einordnen der Prozesse in die Bereitschlange, s.u.) wird "scheduling" (Prozeßverwaltung), die Zuteilung des realen Prozessors "dispatching" (Prozessorverwaltung) genannt. Mit Scheduler bzw. Dispatcher werden diejenigen Systemkomponenten bezeichnet, die das Scheduling bzw. Dispatching vornehmen.

Die einzelnen Prozesse eines Prozeß-Systems laufen also auf virtuellen Prozessoren ab, deren Geschwindigkeiten nicht bekannt sind. Es ist nämlich nicht vorhersagbar, wann und für wie lange ein virtueller Prozessor den physikalischen Prozessor zugeteilt erhält. Zudem kann ihm durch einen asynchronen Interrupt der physikalische Prozessor jederzeit entzogen werden. Deshalb lassen sich auch keine Aussagen über die relativen Ablaufgeschwindigkeiten von Prozessen machen. Diese Restriktion zwingt

Abb. 10.1 Prozessorvergabe

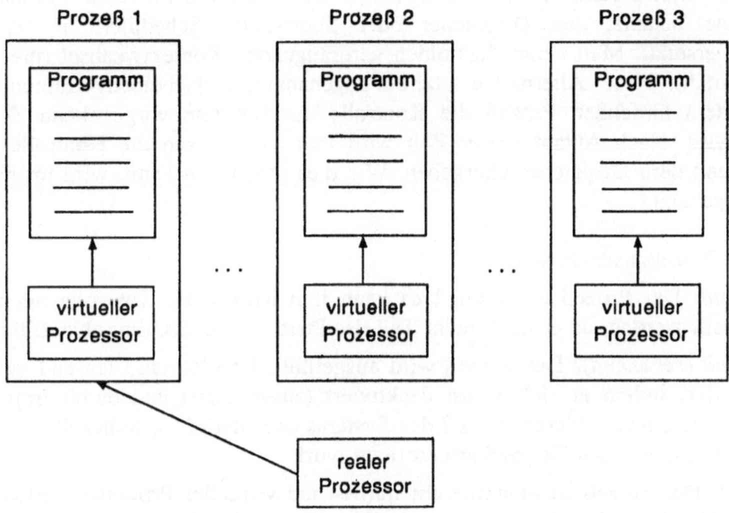

dazu, in einem Prozeß-System für die Synchronisation der Prozesse zu sorgen. Denn um korrekt zusammenwirken zu können, müssen sich Prozesse mehr oder weniger häufig zeitlich abstimmen. Und dafür sind entsprechende Protokolle vorzusehen.

Wir werden den Begriff Prozeß noch in einem etwas anderen Sinn verwenden. Wir wollen nämlich immer auch dann statt von einer Coroutine von einem Prozeß sprechen, wenn die Übergabe der Ablaufkontrolle nicht explizit in der Coroutine erfolgt, sondern implizit nach bestimmten Auswahlregeln (schedules, Fahrplänen) vorgenommen wird. (Um Verwechslungen zu vermeiden werden wir dann auch von Modula-2- oder C-Prozessen sprechen). Diese Prozesse (Coroutinen) spezifizieren Prozesse im oben erwähnten Sinne und sind Bestandteile eines concurrenten Programms.

10.2 Prozeß-Systeme

Ein Prozeß besteht also in der Ausführung einer Coroutine. Die Coroutine beschreibt die möglichen Folgen von Anweisungen, die der Prozeß durchlaufen kann. Dabei ist in den zugrunde liegenden Coroutinen nicht explizit festgelegt, welcher Prozeß des Systems als nächster aktiviert wird. (Wir nennen dann, wie gesagt, auch die zugrunde liegende Coroutine einen Prozeß.) Die Koordination zwischen den Prozessen des Systems geschieht vielmehr entweder dadurch, daß die Prozesse von sich aus bestimmte (äußere) Zustände einnehmen. Für den Prozeßwechsel müssen dann Anweisungen (Primitve) zur Verfügung stehen, hinter denen sich ein Dispatching verbirgt. Man nennt diese Art des Prozeßwechsels einen nicht verdrängenden (freiwilligen) Kontextwechsel (non preemptive context switch). Oder aber die Prozesse werden durch eine eigene Instanz, den Dispatcher oder Short-Term Scheduler, in bestimmte Zustände versetzt. Man nennt dies einen verdrängenden Kontextwechsel (preemptive context switch). Diese Alternative setzt ein sogenanntes Zeitscheibenverfahren voraus, bei dem dem laufenden Prozeß die Kontrolle nur für eine vorgegebene Zeitdauer zugeteilt wird. Nach Ablauf dieser Zeit wird ihm automatisch die Kontrolle wieder entzogen und dem Dispatcher übergeben. Wie dies geschehen kann, wird im nächsten Abschnitt gezeigt.

Mögliche Prozeßzustände sind:

- *existent:* Der Prozeß ist erzeugt; es kann ihm jedoch die Kontrolle noch nicht zugeteilt werden, da er noch nicht Teil des Prozeß-Systems, d.h. ablauffähig, ist.
- *laufend (rechnend):* Der Prozeß wird ausgeführt. Den Zustand laufend verläßt er entweder, indem er sich selbst deaktiviert (suspendiert) und damit implizit die Kontrolle einem anderen Prozeß des Systems oder dem Dispatcher übergibt, oder indem er durch den Dispatcher verdrängt wird.
- *bereit:* Der Prozeß ist ablaufbereit; ihm ist ein virtueller Prozessor, jedoch noch nicht die Kontrolle übergeben worden. In diesem Zustand wartet der Prozeß auf ihre Zuteilung. Er wird sie bei fairen Vergaberegeln später entweder vom Dispatcher (zentrale Befehlszählervergabe) oder von einem anderen Prozeß des Systems (verteilte Befehlszählervergabe) erhalten.
- *blockiert:* Der Prozeß ist nicht ablaufbereit; er muß auf das Eintreffen eines oder mehrerer Ereignisse warten.

Unter einem Prozeß-Steuerblock (kurz PCB, process control block) versteht man eine Datenstruktur, die sämtliche Information enthält, die benötigt wird, um Prozesse zu verwalten. I.a. besteht der Steuerblock eines Prozesses aus einem sogenannten Hardware-Kontext und einem Software-Kontext. Der Hardware-Kontext enthält im wesentlichen (einen Verweis auf) den zugeordneten virtuellen Prozessor. Dies ist die Information, die der Dispatcher benötigt. Der Software-Kontext enthält die Information, die für das Scheduling von Bedeutung ist, z.B. die Priorität eines Prozesses und den äußeren Prozeß-Zustand.

Abbildung 10.2 zeigt mögliche Übergänge zwischen den Zuständen eines Prozesses. Bei einem verdrängenden Kontextwechsel muß der Programmierer nicht dafür sorgen, daß ein Prozeß ausreichend oft laufend wird. Dies besorgt der Dispatcher, der ja immer wieder einmal aktiv ist. Ein nichtverdrängender Kontextwechsel hat andererseits den Vorteil, daß Prozesse bei Zugriff auf gemeinsame Datenbereiche nicht synchronisiert werden müssen und unnötige Prozeßwechsel vermieden werden können.

Abb. 10.2 Prozeßzustände

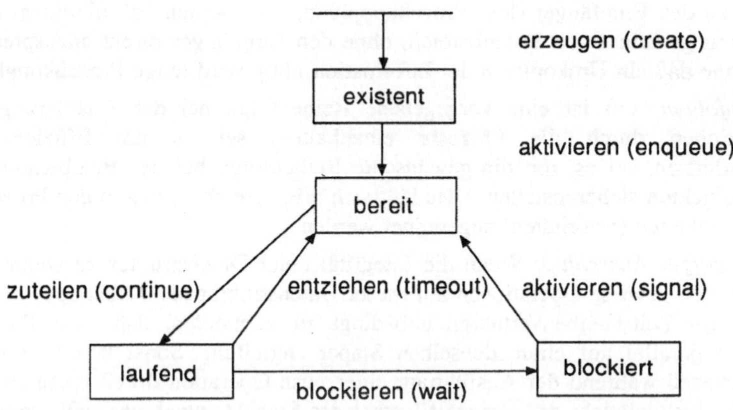

Ist ein Prozeß im Zustand laufend oder bereit, so bezeichnet man ihn als aktiv. Wenn sich mehrere Prozesse im Zustand "bereit" oder "blockiert" befinden, dann müssen ihre Steuerblöcke in Listen, z.B. in Warteschlangen, eingereiht und entsprechend verwaltet werden. In einfachen Fällen können dann die Prozesse beispielsweise in der Reihenfolge aktiviert werden, in der sie in die Listen eingetragen wurden, d.h. sie erhalten die Kontrolle nach der FCFS-Warteschlangendisziplin (First Comes/First Served). Meist sind aber solche Auswahlregeln vielseitiger.

Der Prozeß-Zustand "blockiert" unterteilt sich zumeist in mehrere Unterzustände. Ein Prozeß kann z.B. auf Botschaften von anderen Prozessen oder auf das Eintreten eines externen Ereignisses (Interrupts) warten. Dementsprechend gibt es in einem Prozeß-System meist auch mehrere Warteschlangen für Prozesse. Die Zustände "existent", "bereit", etc. beschreiben den Prozeß aus der Sicht des Dispatchers. Man nennt sie die äußeren Prozeßzustände, während die sog. inneren Prozeßzustände durch die Inhalte der Prozeß-Steuerblöcke (genauer durch deren Hardware-Kontext) gegeben sind.

In einem Prozeß-System treten, wie gesagt, häufig Situationen auf, in denen verschiedene Prozesse miteinander in Beziehung treten (kooperieren) müssen. Synchronisation soll als Oberbegriff für alle Maßnahmen verwendet werden, die erforderlich sind, um ein korrektes Zusammenwirken der Prozesse zu erreichen. Die Synchronisation von Prozessen kann aus unterschiedlichen Gründen erforderlich werden. Solche Gründe sind:

- *Kommunikation:* Wenn mehrere Prozesse gemeinsam eine Aufgabe erfüllen sollen, müssen sie meist gegenseitig Information austauschen und sich zeitlich abstimmen. Dies kann dadurch geschehen, daß sie sich entweder Botschaften zuschicken oder aber Zugriff auf gemeinsame Datenobjekte haben. Im ersten Fall - dem eines botschaftengekoppelten Systems - schickt der Sender die Information direkt an den Empfänger (lose Prozeßkopplung), im zweiten Fall hinterlegt er sie in einem gemeinsamen Datenbereich, ohne den Empfänger direkt anzusprechen, und ohne daß ein Umkopieren der Information nötig wird (enge Prozeßkopplung).

- *Reihenfolgen:* Oft ist eine vorgegebene Reihenfolge bei der Ausführung von Operationen durch die Prozesse einzuhalten; sei es um Effizienz zu gewährleisten, sei es, um die gewünschte Reihenfolge bei der Bearbeitung von Datenobjekten sicherzustellen. Dies läßt sich z.B. erreichen, indem den Prozessen Dringlichkeiten (Prioritäten) zugeordnet werden.
- *gegenseitiger Ausschluß:* Wenn die Integrität einer Datenstruktur zu wahren ist, dürfen sich gewisse Operationen auf dieser Datenstruktur nicht überlappen. So ist bei einem Zeitscheibenverfahren unbedingt zu vermeiden, daß zwei Prozesse (quasi-) parallel auf einunddenselben Stapel zugreifen. Sonst könnte z.B. der erste Prozeß während der Ausführung einer push-Operation durch einen zweiten Prozeß, der vielleicht das oberste Element des Stapels entnehmen will, verdrängt werden. Dies kann sowohl vor als auch nach Versetzen des Stapelzeigers geschehen und damit wäre das oberste Element des Stapels nicht mehr eindeutig definiert. Soll ein Eintrag in eine dynamische Liste ein- oder ausgehängt werden, so muß man vermeiden, daß quasi-gleichzeitig die Nachbarelemente umgehängt werden. Dies könnte sonst leicht zu Fehlern in der Verzeigerung führen. Es ist also dafür zu sorgen, daß Prozesse solche Operationen nur unter gegenseitigem Ausschluß aufrufen - d.h., daß die Ausführung dieser Operationen nicht unterbrochen werden kann. Dazu müssen sich die in Frage kommenden Prozesse synchronisieren.

Es ist üblich, die gegenseitige Abhängigkeit der Prozesse eines Prozeß-Systems durch einen sogenannten Prozeß- oder Taskgraphen darzustellen. Prozesse werden dabei durch Knoten und Abhängigkeiten durch Kanten repräsentiert. Zeigt eine Kante von Prozeß P1 nach P2, so kann P2 erst dann aktiv werden, wenn P1 beendet ist; Abb. 10.3.

Für ein Monoprozessor-System ist jeder Fahrplan hinsichtlich der Länge seiner Abarbeitungszeit optimal, der diese Abhängigkeiten berücksichtigt und in dem es keine Leerzeiten (d.h. Zeiten, zu denen der Prozessor unbeschäftigt (idle) ist) gibt. Bei Mehrprozessor-Systemen muß dies nicht der Fall sein. Die Abbildung 10.4 zeigt Fahrpläne für das obige Beispiel in Form sogenannter Gantt-Diagramme.

Abb. 10.3 Taskgraph

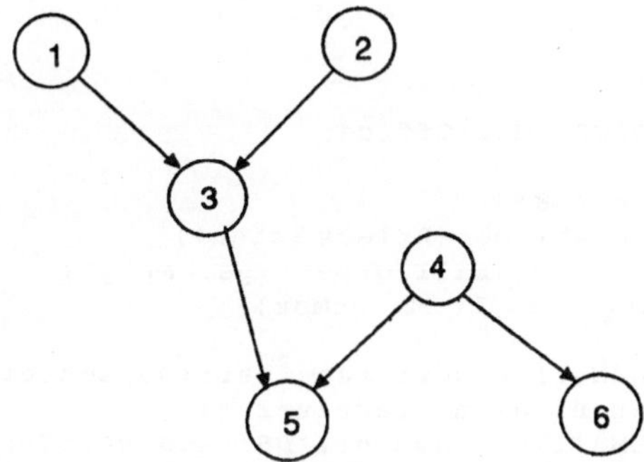

Ausführungzeiten: P1:1,P2:2,P3:1,P4:1,P5:1,P6:2
in Zeiteinheiten

Abb. 10.4a Gantt-Diagramm für einen Monoprozessor

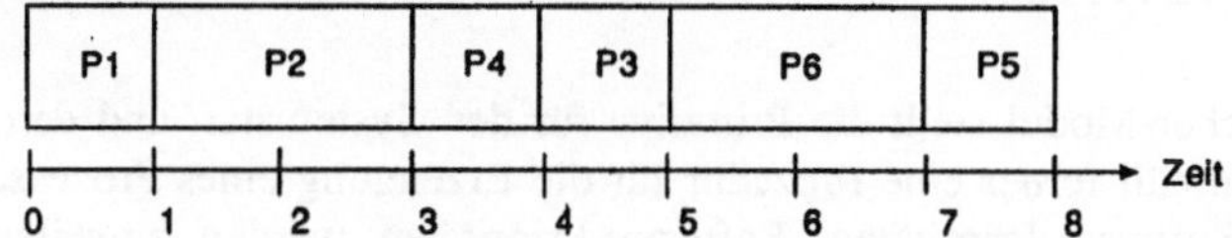

Abb. 10.4b Gantt-Diagramm für einen Doppelprozesser

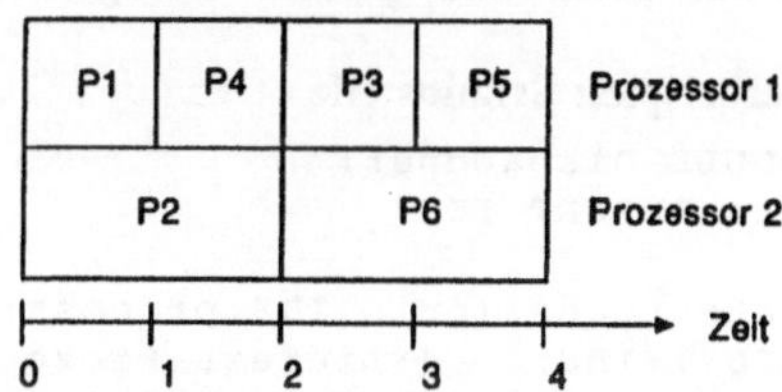

10.3 Prozessorvergabe

Wir wollen uns jetzt zwei einfache Beispiele für die zentrale Programmzählervergabe ansehen. Und zwar sollen mehrere Korrespondenten-Prozesse sich gegenseitig Briefe zuschicken. Dafür besitzt jeder Prozeß einen kleinen Briefkasten (mailbox). Als erstes seien wieder die Definitionsteile der verwendeten externen Module angeführt; Abb. 10.5. Ein Beispiel für die dezentrale Programmzählervergabe wird in Kap. 13 vorgestellt.

Das Modul "MailOffice" stellt die Primitive für das Versenden und das Empfangen von Briefen bereit. Es bietet auch die Möglichkeit, Briefkästen eine Zeit lang verschlossen zu halten.

Abb. 10.5a Maildienst

```
DEFINITION MODULE MailOffice;

CONST MaxNrMbx = 8;
(* Maximale Anzahl der Briefkästen*)
TYPE  MailType   = (bill,greetings,empty);
      IDS        = [1..MaxNrMbx];

PROCEDURE sendMail(sender,receiver:IDS;letter:MailType);
(* Sende einen Brief an receiver *)
PROCEDURE getMail(VAR sender:IDS;receiver:IDS;
                  VAR letter:MailType );
(* Hole Brief aus Briefkasten von receiver *)
PROCEDURE closed(mbx:IDS):BOOLEAN;
(*FALSE: Briefkasten mbx offen, TRUE: geschlossen *)
PROCEDURE checkMbx(mbx:IDS;d:INTEGER);
(* Briefkasteninhalt prüfen und evtl. Schließzeiten
   verändern, d<0 verkürzen, d>0 vergrößern *)
END MailOffice.
```

Das Dispatcher-Modul stellt die Primitive für den Systemstart und den Prozeßwechsel bereit. Es enthält ferner eine Prozedur für die Erzeugung eines Prozesses und die Vergabe von Software-Prioritäten. Software-Prioritäten werden zuweilen benötigt, um Scheduling-Konflikte aufzulösen. Wir verwenden sie, um die Schließzeiten der Briefkästen zu bestimmen. Die Identifikationsnummer und die Priorität des gerade laufenden Prozesses können mit "getId" und "getPrio" erfragt werden.

Abb. 10.5b Dispatcherbeispiel: Schnittstelle

```
DEFINITION MODULE Dispatcher;
FROM MailOffice IMPORT IDS;

PROCEDURE createProcess(prio:IDS;process:PROC);
PROCEDURE getID():IDS;    (*Liefert Prozeßnummer *)
PROCEDURE getPrio():IDS;  (*Liefert Priorität*)
PROCEDURE StartSystem;
PROCEDURE JobDone;
PROCEDURE StopSystem;

END Dispatcher.
```

Die nächste Abbildung, Abb. 10.6, enthält das Anwendungsbeispiel. Die Prioritäten der Korrespondenten und die Briefinhalte werden ausgewürfelt.

Abb. 10.6 Ein Anwendungsbeispiel.

```
MODULE SendMail;
FROM MailOffice IMPORT IDS,MaxNrMbx,MailType,sendMail,getMail;
FROM Random     IMPORT RandomCard;
FROM Dispatcher IMPORT createProcess,getID,getPrio,
                       JobDone,StartSystem,StopSystem;
FROM InOut      IMPORT WriteString,WriteCard,WriteLn,Read;

VAR letter : MailType;
    sender : IDS;

MODULE Excl[6];
IMPORT MailType,IDS,WriteString,WriteCard,WriteLn;
EXPORT read;

PROCEDURE read(letter:MailType;sender:IDS;myID:IDS);
BEGIN
 WriteString(' Prozess ');WriteCard(myID,3);
 WriteString(' erhielt');
 CASE letter OF
   bill      : WriteString(' Rechnung ')
 | greetings : WriteString(' Gruss ')
 | empty     : WriteString(' leeren Brief')
 END;
 WriteString(' von Prozess '); WriteCard(sender,3);
 WriteLn
END read;
END Excl;

PROCEDURE correspondent;
VAR myId     : IDS;
    mail     : MailType;
    myPrio   : IDS;
    receiver: IDS;
BEGIN
  myId := getID();myPrio := getPrio();
LOOP
 getMail(sender,myId,mail);
 Excl.read(mail,sender,myId);
 (* write letter *)
 mail := VAL(MailType,RandomCard(0,1));
 receiver := RandomCard(1,MaxNrMbx);
 sendMail(myId,receiver,mail);
 JobDone;
END
END correspondent;

(* Starte das Prozeß -  System *)
VAR   c : CHAR;
      i : IDS;
BEGIN
```

```
(* Es werden soviele Prozesse mit aufsteigender Priorit ät
   erzeugt, wie Briefkästen vorhanden sind.  *)
 FOR i:= 1 TO MaxNrMbx DO
     createProcess(i,correspondent)
 END;
 StartSystem;
 WriteString (" ENDE "); Read(c)
END SendMail.
```

In Abb. 10.7 ist eine mögliche Implementierung für das Modul MailOffice angegeben. Das Modul ist für spätere Zwecke schon mit einer Priorität versehen worden. (Nach dem Einwerfen eines Briefs bleibt der Briefkasten eine Zeit lang geschlossen, damit der Empfänger den Brief "in Ruhe" entnehmen kann.)

Abb. 10.7

```
IMPLEMENTATION MODULE MailOffice[6];
FROM InOut IMPORT WriteString,WriteLn,WriteCard;

TYPE MailBox = RECORD
                 stat : CARDINAL;(* Schlie ßzeiten *)
                 send : IDS;     (* Sender der Nachricht *)
                 lett : MailType (* Nachricht *)
               END;

VAR MailStore : ARRAY IDS OF MailBox;

PROCEDURE sendMail(sender,receiver:IDS;letter:MailType);
BEGIN
 WITH MailStore[receiver] DO
  IF NOT(closed(receiver)) THEN
     send := sender;
     lett := letter;
     checkMbx(receiver,MaxNrMbx)
  END;
 END;
END sendMail;

PROCEDURE getMail(VAR sender:IDS;receiver:IDS;
                      VAR letter:MailType);
BEGIN
 WITH MailStore[receiver] DO
  letter := lett;lett := empty;
  sender := send;send := 0
 END;
END getMail;

PROCEDURE closed(mbx:IDS):BOOLEAN;
BEGIN
 RETURN (MailStore[mbx].stat > 0)
END closed;
```

```
PROCEDURE checkMbx(mbx:IDS;d:INTEGER);
(* Ändern der Schließzeiten *)
BEGIN
 WITH  MailStore[mbx] DO
    IF (d <= 0) AND (stat < CARDINAL(ABS(d))) THEN
    stat := 0
    ELSE  stat := stat + CARDINAL(d)
    END
 END;
END checkMbx;

PROCEDURE createMailbox(mbx:IDS);
BEGIN
 WITH MailStore[mbx] DO
  stat  := 0;
  send  := 0;
  lett  := empty
 END
END createMailbox;

(* Initialisierung *)
VAR i : IDS;
BEGIN
 FOR i := 1 TO MaxNrMbx DO createMailbox(i) END
END MailOffice.
```

Wir wollen nun zwei mögliche Implementierungen der Programmzählervergabe vorsehen. In der ersten, Abb. 10.8, gibt jeder Prozeß die Kontrolle selbst an den Dispatcher zurück, sobald er seine Arbeit erledigt hat. In der zweiten Version, Abb. 10.9, wird die Kontrolle den Prozessen jeweils nach Ablauf einer Zeitscheibe entzogen. In beiden Fällen ist der zentrale Dispatcher eine Coroutine. Diese durchsucht das Feld von Prozeß-Kontrollblöcken und verkleinert jedesmal die Schließzeiten der Briefkästen. Trifft sie auf einen offenen Briefkasten, so erhält der dazu gehörende Korrespondent die Kontrolle. Zunächst sei das Dispatcher-Modul ohne Zeitscheiben vorgestellt, Abb. 10.8.

Abb. 10.8 Dispatcherbeispiel

```
IMPLEMENTATION MODULE Dispatcher; (* Ohne Zeitscheiben *)
FROM SYSTEM      IMPORT NEWPROCESS,ADDRESS,ADR,WORD,TSIZE,
                        TRANSFER;
FROM MailOffice IMPORT IDS,MaxNrMbx,checkMbx,closed;

TYPE Index              = [0..MaxNrMbx];
TYPE ProcessDescriptor = RECORD
                           (* Typ der Prozeß-Steuerblöcke *)
                         Prio    : Index;(*Prozeßpriorität*)
                         MailBox : Index;(*Index in eine
                                       Liste von Briefkästen*)
                         CorVar  : ADDRESS      (*Coroutine*)
```

```
                    END;
     procwsp = ARRAY[1..512] OF WORD;

VAR  ProcessArray   : ARRAY Index OF ProcessDescriptor;
     main,dispatch,
              stop  : ADDRESS;
        current,p   : Index;(*Zeiger auf laufenden Proze ß*)
              WSP   : ARRAY Index OF procwsp;

PROCEDURE createProcess(prio:IDS;process:PROC);
BEGIN
 IF p > 0 THEN
 WITH ProcessArray[p] DO
  Prio := prio;
  NEWPROCESS(process,ADR(WSP[p]),TSIZE(procwsp),CorVar)
 END;
 p := (p + 1) MOD (MaxNrMbx+1)
 END
END createProcess;

PROCEDURE initProcDscr(i:IDS);
BEGIN
   WITH ProcessArray[i] DO
       Prio    := 0;
       MailBox := i;
       CorVar  := NIL
   END
END initProcDscr;

PROCEDURE getPrio():IDS;
BEGIN
 RETURN IDS(ProcessArray[current].Prio)
END getPrio;

PROCEDURE switchProcess; (* Proze ßwechsel *)
BEGIN
  LOOP
  current := (current MOD MaxNrMbx) + 1;
  IF closed(current) THEN
  checkMbx(current,- INTEGER(ProcessArray[current].Prio));
  ELSIF ProcessArray[current].Prio > 0 THEN EXIT
  END;
  END;
  TRANSFER(dispatch,ProcessArray[current].CorVar);
END switchProcess;

PROCEDURE StopSystem;
BEGIN
 TRANSFER(stop,main)
END StopSystem;

PROCEDURE getID():IDS;
```

```
BEGIN
 RETURN current
END getID;

PROCEDURE StartSystem;
BEGIN
 current := 0;
 TRANSFER(main,dispatch)
END StartSystem;

VAR count : CARDINAL;

PROCEDURE JobDone;
BEGIN
 INC(count);
 IF count = 70 THEN StopSystem END;
 TRANSFER(ProcessArray[current].CorVar,dispatch)
END JobDone;

PROCEDURE DISPATCHER;
BEGIN
LOOP
  switchProcess
END;
END DISPATCHER;

(* Initialisierung *)
VAR i : IDS;
BEGIN p := 1;count := 1;
 FOR  i := 1 TO MaxNrMbx DO initProcDscr(i) END;
NEWPROCESS(DISPATCHER,ADR(WSP[0]),TSIZE(procwsp),dispatch)
END Dispatcher.
```

Die eigentliche Funktion zur Prozessorvergabe heißt hier "switchProcess". Ihr Aufruf ist die einzige Anweisung der Coroutine DISPATCHER, die ihrerseits durch Aufruf von "JobDone" der beteiligten Prozesse aktiviert wird.

Nun sei auch ein Dispatcher-Modul mit Zeitscheibenverfahren vorgestellt. Die optimale Größe der Zeitscheiben ist ein kritischer Systemparameter. Einerseits sollen Kontextwechsel nicht zu häufig stattfinden, da jeder Kontextwechsel Zeit beansprucht. Andererseits sollen die Zeitscheiben so kurz sein, daß der Benutzer den Eindruck echter Parallelität hat. Die Größe der Zeitscheibe wird beim Aufruf von "SetTimer" festgelegt. Für das Zeitscheibenverfahren importieren wir die uns bereits bekannten Moduln InstallTimer (Timerbaustein initialisieren) und Timer (Timer starten und stoppen). Die Prozedur JobDone ist jetzt praktisch überflüssig. Wie Abb. 10.9 zeigt, sind sonst nur wenige Modifikationen am Modul der Abb. 10.8 erforderlich. Insbesondere ist kein Recompilieren aller anderen Moduln nötig.

Abb. 10.9 Dispatcherbeispiel

```
IMPLEMENTATION MODULE Dispatcher; (* Mit Zeitscheiben *)
FROM SYSTEM        IMPORT NEWPROCESS,ADDRESS,ADR,WORD,TSIZE,
                          TRANSFER;
FROM MailOffice    IMPORT IDS,MaxNrMbx,checkMbx,closed;
FROM Timer         IMPORT SetTimer,StopTimer,caller;
FROM InstallTimer IMPORT NextTick;

MODULE ProcessArray[6];
IMPORT NEWPROCESS,TSIZE,ADDRESS,ADR,WORD,
       TRANSFER,LISTEN,IDS,
       MaxNrMbx,checkMbx,closed,caller,
       NextTick,SetTimer,StopTimer;
EXPORT createProcess,initProcDscr,current,
       getPrio,switchProcess,p;

TYPE Index = [0..MaxNrMbx];
TYPE ProcessDescriptor =
                RECORD
                   Prio    : Index;
                   MailBox : Index;
                   CorVar  : ADDRESS
                END;
     procwsp = ARRAY[1..512] OF WORD;

VAR  ProcessArray : ARRAY Index OF ProcessDescriptor;
        current,p : Index;(*Zeiger auf laufenden Proze ß*)
            WSP   : ARRAY Index OF procwsp;

PROCEDURE createProcess(prio:IDS;process:PROC);
BEGIN
 IF p > 0 THEN
 WITH ProcessArray[p] DO
  Prio := prio;
  NEWPROCESS(process,ADR(WSP[p]),TSIZE(procwsp),CorVar)
 END;
 p := (p + 1) MOD (MaxNrMbx + 1)
 END
END createProcess;

PROCEDURE initProcDscr(i:IDS);
BEGIN
   WITH ProcessArray[i] DO
       Prio    := 0;
       MailBox := i;
       CorVar  := NIL
   END
END initProcDscr;

PROCEDURE getPrio():IDS;
BEGIN
```

```
 RETURN IDS(ProcessArray[current].Prio)
END getPrio;

PROCEDURE switchProcess; (* Prozeßwechsel *)
BEGIN
  ProcessArray[current].CorVar := caller;
  LOOP
  current := (current MOD MaxNrMbx) + 1;
  IF closed(current) THEN
  checkMbx(current,- INTEGER(ProcessArray[current].Prio));
  ELSIF ProcessArray[current].Prio > 0 THEN EXIT
  END;
  END;
  caller := ProcessArray[current].CorVar;
  NextTick
END switchProcess;
END ProcessArray;

PROCEDURE StopSystem;
BEGIN
 StopTimer;HALT
END StopSystem;

PROCEDURE getID():IDS;
BEGIN
 RETURN current
END getID;

PROCEDURE StartSystem;
BEGIN
 current := 0;
 SetTimer(switchProcess,10);
 LOOP END          (* Warten auf Interrupt *)
END StartSystem;

VAR count : CARDINAL;

PROCEDURE JobDone;
BEGIN
 INC(count);
 IF count = 70 THEN StopSystem END
END JobDone;

 (* Initialisierung *)
VAR i : IDS;
BEGIN p := 1;count := 1;
 FOR  i := 0 TO MaxNrMbx DO initProcDscr(i) END;
END Dispatcher.
```

Die folgende Abbildung 10.10 zeigt die Schichtenstruktur des Beispiels mit und ohne Zeitscheibenverfahren.

Abb. 10.10 Moduln

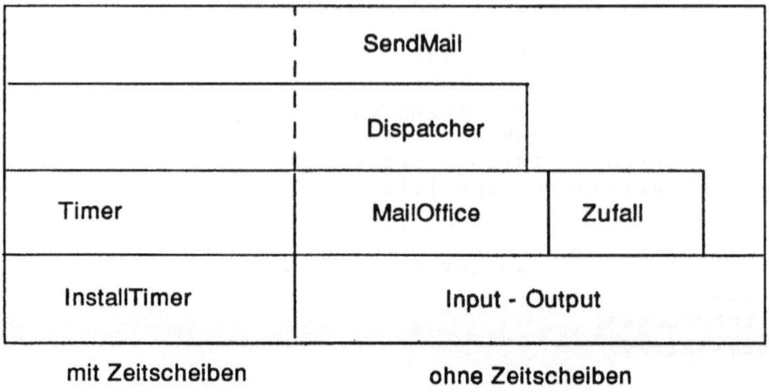

SendMail

Dispatcher

Timer | MailOffice | Zufall

InstallTimer | Input - Output

mit Zeitscheiben | ohne Zeitscheiben

Beim Zeitscheibenverfahren ist darauf zu achten, daß nicht nur das lokale Modul ProcessArray, welches die Prozeß-Liste verwaltet, sondern auch das lokale Modul Excl und das externe Modul MailOffice mit Prioritäten versehen sind, damit die Prozesse nicht unterbrochen werden, solange sie auf den Bildschirm ausgeben. Es genügt nicht, nur die einzelnen Ausgabefunktionen ununterbrechbar zu machen. Die Prozedur read ist nämlich ein sogenannter kritischer Abschnitt und getMail, sendMail und checkMbx sind sogenannte korrespondierende kritische Abschnitte. Sie verändern alle die Abstrakte Datenstruktur MailStore und dürfen deshalb nicht unterbrechbar sein. Aber auch wenn wir den gegenseitigen Ausschluß beachten, bleibt unsere Lösung unbefriedigend. Es kann nämlich passieren, daß Briefe verlorengehen - genauer: überschrieben werden. (Wann ist das der Fall?) Und, was besonders unangenehm ist, der Verlust eines Briefs läßt sich bei einem Test meist gar nicht feststellen, da wir ja nicht von vorneherein wissen, welche Briefe verschickt werden. (Dazu müßten wir den Zufallszahlen-Generator genau kennen.) Wir werden uns also noch eingehender mit den Konzepten der Prozeß-Synchronisation auseinanderzusetzen haben. Dies soll in den nächsten Kapiteln geschehen.

11. KRITISCHE ABSCHNITTE

Ein kritischer Abschnitt ist ein Programmsegment eines Prozesses, in dem ein nichtteilbares Betriebsmittel benutzt wird, welches auch von anderen Prozessen - in sogenannten korrespondierenden kritischen Abschnitten - benötigt wird. Der Begriff "Betriebsmittel" soll hier in einem abstrakten Sinn verwendet werden. Darunter sei nämlich jeder Informationsträger verstanden, dessen Information für mehrere Prozesse relevant ist, z.B. eine Programm-Datenstruktur oder ein virtuelles Gerät. Auch systemspezifische Moduln sind typische Beispiele dafür.

Prozesse, die in korrespondierende kritische Abschnitte eintreten wollen, müssen, falls sie unterbrechbar sind, synchronisiert werden. Es gilt nämlich zu verhindern, daß durch (quasi-) gleichzeitige Manipulation des Betriebsmittels die Konsistenz seines Informationsgehalts zerstört wird. Die Operationen, mit denen auf das Betriebsmittel zugegriffen wird, dürfen deshalb nicht von korrespondierenden Prozessen unterbrochen werden.

Wie wir gesehen haben, ist dies durch Verwendung von Monitoren zu erreichen. Dies läßt sich aber auch mit Hilfe sogenannter Semaphoren (Zeichenträger, Verkehrsampel) erreichen. Sie wurden von E. Dijkstra in seiner inzwischen klassischen Arbeit [Dij] zur Prozeßsynchronisation eingeführt. Obwohl Monitore den Semaphoren unbedingt vorzuziehen sind, sei dennoch auch auf den Semaphor-Begriff näher eingegangen und gezeigt, wie sich mit Semaphoren höhere und sicherere Synchronisations-Mechanismen implementieren lassen.

11.1 Signale

Die einfachste Art der Synchronisation von Prozessen ist das Signalisieren. Generell dient es dazu, das Eintreten eines Ereignisses mitzuteilen und Prozesse, die auf dieses Ereignis warten, zu aktivieren. Für das Signalisieren sind also die folgenden drei Operationen (sogenannte Primitive) maßgebend. Diese Operationen definieren den Abstrakten Datentyp

TYPE SIGNAL;

Initialisieren: init(VAR s:SIGNAL) versetzt das Signal in einen definierten Anfangszustand.

Signalisieren: send(VAR s:SIGNAL) zeigt das Eintreffen eines dem Signal s zugeordneten Ereignisses an und aktiviert einen oder alle darauf wartenden Prozesse. Diese werden in den bereit-Zustand versetzt. Das Sende-Protokoll kann vorsehen, daß einer dieser Prozesse sofort laufend wird. Alle Prozesse, die in den bereit-Zustand versetzt wurden, müssen vor ihrer Aktivierung als laufend nocheinmal überprüfen, ob das Signal noch gültig ist. Das Sende-Protokoll hat auch dafür zu sorgen, daß ein Signal nicht verlorengeht, falls kein Prozeß darauf wartet.

Warten: wait(VAR s:SIGNAL) versetzt den aufrufenden Prozeß in den Wartezustand. Er wartet dann darauf, daß das Signal s gesendet wird.

Es liegt nahe, Signale als Zeiger auf Warteschlangen für Prozeß-Steuerblöcke zu realisieren. Signale spezifizieren dann die auf sie wartenden Prozesse und nicht umgekehrt die Prozesse die Signale, auf die sie warten. Man wird i.a. solche Warteschlangen als dynamische Listen entwerfen, da sich ihre Länge ständig ändern wird. In [Wir85] wird eine Implementierung für Signale vorgestellt. Sie ist - leicht modifiziert - auch im Anhang als Modul "ProcessSys" wiedergegeben. In unserer Version wird ein durch ein Signal aktivierter Prozeß nicht sofort laufend. Die Prozesse werden in einer Ringliste verwaltet, wobei auf Signale wartende Prozesse zusätzlich in FCFS-Warteschlangen eingereiht werden. Diese Implementierung läßt sich nach Belieben ausbauen. Man kann ihr z.B. ein Zeitscheibenverfahren unterlegen und vorsehen, daß den Prozessen Prioritäten zugeteilt werden. Das Zeitscheibenverfahren vergibt den Programmzähler dann zwar nach wie vor reihum. Eine Vergabe nach Prioritäten wäre hier nicht sinnvoll, da in der Regel der laufende Prozeß die Kontrolle sogleich wieder zurückerhalten würde. Sobald jedoch ein Prozeß die Kontrolle von sich aus abgibt, z.B mit wait(s), wird unter den aktiven Prozessen der mit höchster Priorität laufend. Man mag vorsehen, daß ein Prozeß auf mehr als nur ein Signal warten kann! Ist dies aber überhaupt sinnvoll? Es kann auch angebracht sein, eine Prozedur "StopProcess" vorzusehen, die den aufrufenden Prozeß aus der Bereitschlange ausgliedert und die Kontrolle an den nächsten bereiten Prozeß abgibt. Die Prozedur StopProzess kann im wesentlichen aus wait(term) bestehen, wobei "term" ein Signal ist, das nie gesendet wird. Die Warteschlange dieses Signals wird vielmehr von einem eigenen Prozeß verwaltet, der die Terminierung der wartenden Prozesse ausführt und deren Arbeitsbereiche wieder freigibt.

Signale sind gemeinsam benutzte Betriebsmittel. Somit sind die Operationen send, wait und init, mit denen der Signalzustand verändert werden kann, korrespondierende kritische Abschnitte.

11.2 Semaphore

Wie bereits erwähnt, dienen Semaphore in erster Linie dazu, den gegenseitigen Ausschluß von Prozessen mit korrespondierenden kritischen Abschnitten zu sichern. Sie können aber auch allgemein für die Prozeß-Synchronisation verwendet werden. Semaphore sind, wie auch Signale, Objekte eines Abstrakten Datentyps, der diesmal durch die Operationen "Passieren", "Verlassen" und "Initialisieren" definiert ist.
Dieser Abstrakte Datentyp sei

```
TYPE Semaphore;
```

Passieren: P(VAR s:Semaphore): Der aufrufende Prozeß wird in einen Wartezustand versetzt, falls ein anderer Prozeß sich bereits in einem der korrespondierenden Abschnitte befindet, denen s zugeordnet ist. (Wir wollen solche Abschnitte s-korrespondierende Abschnitte nennen). Der Aufruf hat andernfalls keine Wirkung. Der aufrufende Prozeß kann dann in seinen kritischen Abschnitt eintreten.

Verlassen: V(VAR s:Semaphore): Falls bereits ein oder mehrere Prozesse auf Erlaubnis für das Eintreten in s-korrespondierende Abschnitte warten, erhält sie einer von ihnen und wird aktiviert. Andernfalls hat der Aufruf keine Wirkung auf die Prozesse.

Initialisieren: createSema(VAR s:Semaphore): Durch diese Operation wird das Semaphor s in einen definierten Anfangszustand gebracht.

Statt mit P bzw. V werden die Semaphor-Primitve oft auch mit Request bzw. Release bezeichnet.

Korrespondierenden kritischen Abschnitten wird also eine Variable des Typs Semaphore zugeordnet, deren Wert bestimmt, ob ein Prozeß in seinen kritischen Abschnitt eintreten darf oder nicht. Auch Semaphoren sind gemeinsam benutzte Betriebsmittel. Die beiden Semaphor-Operationen selbst müssen deshalb ununterbrechbar sein. Somit ist auch dieser Abstrakte Datentyp als Monitor zu implementieren. (Dies kann, wie wir wissen, in Modula-2 durch die Vergabe einer Priorität geschehen.)

Der gegenseitige Ausschluß der Prozesse beim Eintritt in korrespondierende kritische Abschnitte läßt sich nun dadurch erreichen, daß diese Abschnitte in geeigneter Weise von Semaphor-Operationen eingeschlossen werden:

```
LOOP
   unkritischer Abschnitt;
   P(s);
   s- korrespondierender kritischer Abschnitt;
   V(s);
END.
```

Betreten und Verlassen kritischer Abschnitte sind spezielle Ereignisse. Es liegt also nahe, Semaphoren mit Hilfe von Signalen zu implementieren. Das nächste Beispiel zeigt eine entsprechende Implementierung als Monitor-Modul durch Signale; Abb. 11.1. Wir setzen hier voraus, daß "wait" so implementiert werden kann, daß die Modulpriorität herabgesetzt wird, solange der aufrufende Prozeß verzögert wird und daß mit send der entsprechende Prozeß laufend wird.

Abb. 11.1 Semaphore

```
DEFINITION MODULE SEMAPHORE;
TYPE Semaphore;

PROCEDURE createSema(VAR s:Semaphore);
PROCEDURE P(VAR s:Semaphore);
PROCEDURE V(VAR s:Semaphore);

END SEMAPHORE.


IMPLEMENTATION MODULE SEMAPHORE[6];
FROM SIGNALS IMPORT SIGNAL,wait,send,init;
FROM Storage IMPORT ALLOCATE;
FROM SYSTEM  IMPORT TSIZE;

TYPE Semaphore  = POINTER TO tSemaphore;
   tSemaphore = RECORD
                  taken:BOOLEAN;
                   (* taken = ein Prozess befindet
                     ich im kritischen Abschnitt *)
                  free:SIGNAL
                END;
PROCEDURE P(VAR s:Semaphore);
BEGIN
WITH s^ DO
   IF taken THEN wait(free) END;
   taken := TRUE
END
END P;

PROCEDURE V(VAR s:Semaphore);
BEGIN
WITH s^ DO
   taken := FALSE;
   send(free)
END
END V;

PROCEDURE createSema(VAR s:Semaphore);
BEGIN
ALLOCATE(s,TSIZE(tSemaphore));
WITH s^ DO
   taken := FALSE;
   init(free)
END
END createSema;

END SEMAPHORE.
```

Bei Verwendung solcher Semaphoren muß, wie gesagt, sichergestellt sein, daß die Semaphor-Operationen nur unter gegenseitigem Ausschluß ausgeführt werden. Versuchen zwei Prozesse gleichzeitig in ihre kritischen Abschnitte einzutreten, so wird dies nur einem von ihnen gestattet; welchem bleibt unbestimmt. Entsprechend ist auch die Reihenfolge der Ausführung unbestimmt, wenn der eine Prozeß V, der andere gleichzeitig P aufruft. Die Ergebnisse der Programmausführung dürfen deshalb nicht von dieser Reihenfolge abhängen.

Zugriffe verschiedener Prozesse auf einen gemeinsamen Stapel sind z.B. korrespondierende kritische Abschnitte. Wenn wir dem Stapel ein Semaphor "mutex" (mutual exclusion) zuordnen, können wir mit dessen Hilfe die beiden Stapeloperationen "push" und "pop" wie folgt implementieren; Abb. 11.2. Es ist dann nicht nötig, diese Operation in einem Monitor-Modul unterzubringen. Das hat den Vorteil, daß Interrupts nur während der vergleichsweise kurz dauernden Semaphor-Operationen gesperrt werden müssen.

Abb. 11.2

```
PROCEDURE push(VAR Puffer:Stapel;Objekt:Stapelelement);
   BEGIN
      P(mutex);
         "lege Objekt auf Puffer";
      V(mutex)
   END push;

PROCEDURE pop(VAR Puffer:Stapel):Stapelelement;
   BEGIN
      P(mutex);
         RETURN "oberstes Element des Puffers";
      V(mutex)
   END pop;
```

Es ist nun nicht nur wichtig, daß die Zugriffe auf den gemeinsamen Stapel als kritische Abschnitte programmiert werden, sondern auch, daß in gewissen Situationen diese Zugriffe nur in einer bestimmten Reihenfolge möglich sind. Ist z.B. der Objektstapel leer, darf der Konsument nicht vor dem Produzenten zugreifen und umgekehrt, wenn der Stapel voll ist. Die beiden Prozesse müssen in diesem Sinne kooperieren. Man kann dies dadurch erreichen, daß man explizite Warteschleifen vorsieht, in denen ein Prozeß "damit beschäftigt ist, nichts zu tun" (aktives oder beschäftigtes Warten). Der Produzent wartet, wenn der Stapel voll ist, bis der Konsument auf dem Stapel Platz gemacht hat. Um dies festzustellen, prüft der Produzent ständig die Stapelhöhe. Er belegt dazu aber unnötigerweise den physikalischen Prozessor. Aktives Warten ist für Monoprozessoren natürlich nur bei einem Zeitscheibenverfahren sinnvoll.

Wir können eine Kooperation der Prozesse aber auch durch die Verwendung weiterer Semaphoren erreichen (private Semaphoren) und damit ein aktives Warten vermeiden. Dem Produzenten ordnen wir ein Semaphor "leer", dem Konsumenten ein Semaphor "voll" zu. Der Objektstapel wird dann von den beiden Prozessen folgendermaßen benutzt; Abb. 11.3.

Abb. 11.3

```
VAR mutex,leer,voll: Semaphore;
            Puffer: Stapel;

   PROCESS Produzent;
      VAR Objekt: Stapelelement;
      PROCEDURE push(VAR P:Stapel;Obj:StapelElement);
       BEGIN
       .........
       END push;
      BEGIN
         LOOP
            erzeuge(Objekt);
            P(leer);
            push(Puffer,Objekt);
            V(voll)
         END LOOP
   END Produzent;

   PROCESS Konsument
      VAR Objekt:Stapelelement;
      PROCEDURE pop(VAR P:Stapel;Obj:Stapelelement);
       BEGIN
       ......
       END pop;
      BEGIN
         LOOP
            P(voll);
            Objekt := pop(Puffer);
            V(leer);
            verarbeite(Objekt)
         END LOOP
    END Konsument;

    BEGIN (*Hauptprogramm*)
         createSema(mutex);
         createSema(leer);
         createSema(voll);
         init(Puffer);
         starte(Produzent);
         starte(Konsument);
    END (*Hauptprogramm*)
```

Das Semaphor "leer" wird nur benutzt, um einen einzigen Prozeß, den Produzenten, zu aktivieren; deshalb die Bezeichnung privates Semaphor. Entsprechend ist "voll" ein privates Semaphor des Konsumenten. Mit Hilfe solcher privater Semaphoren lassen sich beliebige Reihenfolgen für ein System von Prozessen festlegen; vgl. Abb. 11.4.

Abb. 11.4

```
VAR a,b,d,e: Semaphore;

PROCESS A; BEGIN P(a); ..........V(dl)END A;
PROCESS B; BEGIN P(b); ... V(d2);V(e)END B;
PROCESS C; BEGIN .......... V(a);V(b)END B;
PROCESS D; BEGIN P(dl);P(d2); .......END D;
PROCESS E; BEGIN P(e);...............END E;

   BEGIN (* Hauptprogramm *)
         createSema(a); createSema(b); createSema(dl);
         createSema(d2); createSema(e);
         P(a); P(b); P(dl); P(d2); P(d2);

    COBEGIN A; B; C; D; E COEND
    (*  Start concurrenter Prozesse  *)
   END (* Hauptprogramm *)
```

Abbildung 11.5 zeigt den Prozeß-Graph. Zunächst kann nur C laufen; C gibt die Prozesse A und B frei; diese wiederum geben D und E frei.

Abb. 11.5 Taskgraph

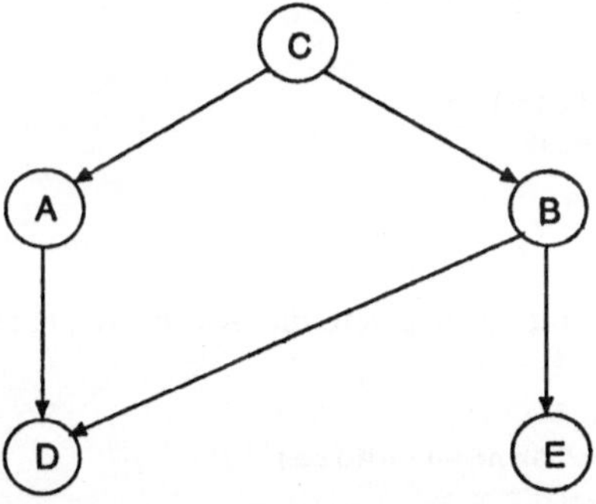

Ein Semaphor, das bis zu n, n>1, Prozessen gestattet, zu passieren, nennt man allgemeines Semaphor; ein solches mit n=1 binäres Semaphor. Wird korrespondierenden kritischen Abschnitten ein allgemeines Semaphor zugeordnet, dann können also bis zu n Prozesse gleichzeitig in ihre kritischen Abschnitte eintreten. Dies ist z.B. angebracht, wenn mehrere Prozesse gleichzeitig lesen dürfen.

Die Implementierung des ADT "allgemeines Semaphor" kann durch einen Record-Typ folgender Form erfolgen.

```
TYPE GenSemaphore;(* POINTER TO tGeSem *)

TYPE tGeSem =  RECORD
                Erlaubnis : INTEGER;
                Warteliste: WaitQueue
               END;
```

WaitQueue ist der Datentyp einer Liste von Identifikationen derjenigen Prozesse, die um Erlaubnis für den Eintritt in ihre kritischen Abschnitte nachgefragt, diese jedoch noch nicht erhalten haben.

Wir nehmen an, daß den Prozessen für die Dauer des Wartens der physikalische Prozessor entzogen (passives Warten) und einem anderen Prozeß zugeteilt wird. Dies bewirke der Aufruf der Warteschlangenoperation "enter".

Die Werte des Feldes "Erlaubnis" können positiv oder negativ sein. Ein positiver Wert bestimmt, an wieviele Prozesse noch die Erlaubnis zum Passieren des Semaphors erteilt werden kann; ein negativer Wert gibt an, wieviele Prozesse augenblicklich darauf warten. Mit dem Aufruf von "remove" wird ein wartender Prozeß aktiviert. Die Semaphor-Operationen lassen sich nun wie folgt implementieren; Abb. 11.6 und 11.7.

Abb.11.6

```
PROCEDURE initGenSema(VAR s:GenSemaphore;n:INTEGER);
 BEGIN
   WITH s^ DO
      init(Warteliste) ;
      Erlaubnis := n
   END
 END initGenSema;
```

Die Wartelisten-Operation "init" initialisiere die Warteliste als leere Liste.

Abb. 11.7a

```
PROCEDURE P(VAR s: GenSemaphore);
  BEGIN
   WITH s^ DO
    Erlaubnis := Erlaubnis - 1;
    IF Erlaubnis < 0 THEN
      enter(Warteliste)
    END
   END
  END P;
```

Mit "enter" wird der aufrufende Prozeß in die Warteliste eingetragen. Wir wollen hier wiederum nicht festlegen, nach welcher Disziplin dies zu erfolgen hat. Die Warteschlangendisziplin soll jedoch fair sein, d.h. jeder wartende Prozeß wird wieder aktiviert, wenn die Operation "remove" oft genug aufgerufen wird. Dies ist z.B. bei der FCFS-Disziplin der Fall. Die entsprechenden Wartelisten-Operationen werden dann meist "enqueue" bzw. "dequeue" genannt. Im Anhang ist ein solches Warteschlangen-Modul wiedergegeben.

Abb. 11.7b

```
PROCEDURE V(VAR s: GenSemaphore);
 BEGIN
  WITH s^ DO
   Erlaubnis := Erlaubnis + 1;
   IF Erlaubnis <= 0
     THEN remove(Wartezustand)
   END
  END
 END V;
```

Es muß wieder dafür gesorgt sein, daß die beiden Operationen V und P nur unter gegenseitigem Ausschluß benutzt werden können. Denn die Konsistenz sowohl des Wertes der Zustandsvariablen Erlaubnis als auch des Zustands der Warteschlange muß gewährleistet sein.

Anmerkung: Es ist leicht zu erkennen, daß ein binäres Semaphor nur ein Spezialfall eines allgemeinen Semaphors ist:

```
PROCEDURE createSema(VAR s: GenSemaphore);
   BEGIN
     initGenSema(s,1)
   END createSema;
```

11.3 Monitore

Semaphoren sind ein mächtiges, jedoch primitives Mittel für die Synchronisation concurrenter Prozesse. In der Praxis kann ihre Verwendung trickreich, aber auch fehleranfällig sein. Der Schutz kritischer Abschnitte durch Semaphoren bleibt ganz dem Anwender überlassen. Das Sprachsystem ist nicht in der Lage, ihn vor Fehlern in der Verwendung der P- und V-Operationen zu bewahren. Die falsche Verwendung von Semaphoren, z.B. bei geschachtelten kritischen Abschnitten, kann aber verheerende Folgen haben. Wie wir sehen werden, können beispielsweise Verklemmungen entstehen (Kapitel 12.1). Diese Tatsache führte C.A.R. Hoare [Hoa] und B. Hansen [Han] dazu, das Monitor-Konzept zu entwickeln. Ein Monitor ist, wie schon mehrfach erwähnt, eine Programm-Einheit, in der korrespondierende kritische Abschnitte zusammengefaßt sind und die dafür sorgt, daß diese Abschnitte nur exclusiv betreten werden können. Die gemeinsam benutzten Objekte (kritische Bereiche) sind nun nicht mehr global definiert, sondern lokal im Monitor verborgen und werden zentral verwaltet; vgl. Abb. 11.8. Mit Monitoren läßt sich somit, wie auch mit Semaphoren, die Benutzung unteilbarer Betriebsmittel koordinieren.

Ein Prozeß, der einen Monitor betreten hat, muß eventuell auf ein Ereignis warten können. (Die Warteliste ist Teil des Monitors). Soll er dann nicht auf unbestimmte Zeit den Monitor für andere Prozesse sperren, so muß er zuvor den Monitor für die Dauer des Wartens freigeben. Um dies zu ermöglichen, gibt es in manchen Modula-2-Implementationen in SYSTEM die Prozedur LISTEN (Höre auf Interrupts). Bei ihrem Aufruf wird die Modul-Priorität kurzzeitig heruntergesetzt. Im ursprünglichen Monitorkonzept sind dafür sogenannte Bedingungsvariable (conditions) vorgesehen. Bedingungsvariable sind spezielle, nur innerhalb eines Monitors definierte Variable, die mit Synchronisationsbedingungen assoziiert werden. Es sei c eine solche Bedingungsvariable. Will ein Prozeß, der den Monitor betreten hat, auf ein Ereignis warten, dem c zugeordnet ist, so ruft er "waitCondition(c)" auf und gibt damit den Monitor frei. Er wird erst wieder aktiv, wenn ein anderer Prozeß vor Verlassen des Monitors die Prozedur "signalCondition(c)" ausführt.

Monitore mit den entsprechenden Wartelisten lassen sich (ohne direkte Interruptsperre) mit Hilfe von Semaphoren implementieren. Umgekehrt läßt sich ein Semaphor als

Abb. 11.8 Monitor

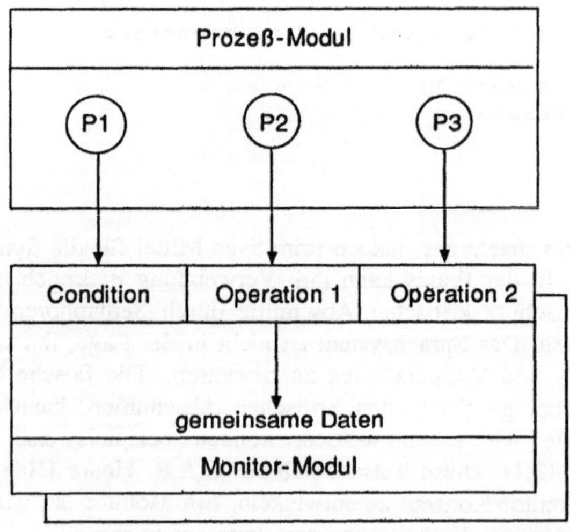

Monitor realisieren, wie wir in Abb. 11.1 ja gesehen haben.

Wir wollen uns auch kurz überlegen, wie eine Implementierung von Monitoren durch Semaphoren aussehen kann. Zunächst assoziieren wir mit jedem Monitor ein Semaphor "mutex", über das das exclusive Betreten des Monitors geregelt wird. Jedesmal vor Betreten des Monitors muß P(mutex) und vor Verlassen V(mutex) aufgerufen werden. Wir wollen die Funktionen, die dies regeln, "enterMonitor" und "exitMonitor" nennen. Der Anfangswert von mutex^.taken ist FALSE.

Für jede Bedingungsvariable "c" sehen wir ein eigenes Semaphor "sc" vor, das mit dem Anfangswert sc^.taken = TRUE initialisiert wird. Die Prozedur waitCondition(c) wird nun durch die Sequenz

V(mutex);P(sc);P(mutex);

realisiert und die Prozedur signalCondition(c) durch V(sc). Der Prozeß, der die Prozedur signalCondition(c) aufruft, muß anschließend den Monitor verlassen. Wichtig ist nun, daß diese Semaphoren und die auf ihnen ausführbaren Operationen nur in den Monitoroperationen selbst benutzt werden können, also verborgen bleiben. Sie sind, wie folgendes Beispiel zeigt, zu verwenden.

Es seien "voll" und "leer" zwei Bedingungsvariable.

```
PROCEDURE push(element:tElement);
BEGIN
 enterMonitor;
 WHILE "Stapel voll" DO waitCondition(leer) END;
 "lege element auf den Stapel";
 signalCondition(voll);
 exitMonitor
END push;
```

Die WHILE-Schleife ist notwendig, da wir nicht voraussetzen wollen, daß der reaktivierte Prozeß sofort in den Zustand "laufend" versetzt wird. Die Synchronisationsbedingung ist deshalb jedesmal neu zu überprüfen.

Eine weitere Möglichkeit, die Monitoreigenschaft zu realisieren, besteht darin, sogenannte Managerprozesse (resource management processes) zu schaffen. Nur diesen Prozessen ist es erlaubt, auf ihnen zugeordnete Betriebsmittel zuzugreifen. Sie werden dazu von anderen Prozessen aufgefordert, die ihnen eine entsprechende Botschaft übermitteln (vgl. Kap. 13). Dies entspricht einem objektorientierten Vorgehen. Für den gegenseitigen Ausschluß ist gesorgt, falls der Manager erst dann eine neue Botschaft entgegennimmt, wenn er den vorherigen Auftrag erfüllt hat. Das prozedurorientierte Monitorkonzept ist in erster Linie für Monoprozessoren und eng gekoppelte Mehrprozessorsysteme ausgelegt. Das botschaftenorientierte Managerkonzept ist dagegen in erster Linie für verteilte Systeme gedacht.

Man kann auch einen zentralen Koordinatorprozeß vorsehen, der für andere Prozesse das Betriebsmittel Zugriffserlaubnis verwaltet. Oder aber die "Zugriffserlaubnis" kann reihum vergeben werden. Ein Beispiel dafür ist das sogenannte Token-Ring-Protokoll [Neh].

11.4 Zeitdienste

Wir wollen uns ein Beipiel für einen mit Semaphoren realisierten Monitor ansehen. Mit Hilfe des Monitors ALARM, Abb. 11.10, soll erreicht werden, daß das Hauptprogramm immer wieder vom Timer aktiviert wird. Das Modul "Conditions", Abb. 11.9, das die benötigten Semaphor-Operationen und die Bedingungsvariablen bereitstellt, befindet sich im Anhang. Es enthält neben den üblichen Semaphoroperationen eine weitere Prozedur DoExec(P:PROC). Wir wollen nämlich auch interruptgetriebenen Prozessen, die nicht regulär dispatcht werden, das Betreten des Monitors ermöglichen. P wird mit Aufruf dieser Prozedur nur dann ausgeführt, wenn der Monitor nicht belegt ist, Abb. 11.9.

Abb. 11.9.

```
DEFINITION MODULE Conditions;

TYPE tCondition;
(* Typ einer Bedingungsvariablen            *)
PROCEDURE enterMonitor;
(* Versuch den Monitor zu betreten          *)
PROCEDURE exitMonitor;
(* Verlassen des Monitors                   *)
PROCEDURE initCondition(VAR c:tCondition);
(* Initialisieren der Bedingungsvariablen *)
PROCEDURE signalCondition(VAR c:tCondition);
(* Signalisieren der Bedingung              *)
PROCEDURE waitCondition(VAR c:tCondition);
(* Auf Bedingung warten                     *)
PROCEDURE DoExec(P:PROC);
(* Für interruptgetriebene Coroutinen       *)
END Conditions.
```

Das Monitor-Modul ALARM exportiert die beiden Prozeduren "wakemeup(N)" und "tick". Prozedur wakemeup dient zur Verzögerung des aufrufenden Prozesses um N Timer-Ticks; Prozedur tick ist der Handler für den Timer-Interrupt.

Abb. 11.10 Zeitdienst

```
DEFINITION MODULE ALARM;
  PROCEDURE wakemeup(N:CARDINAL);
  PROCEDURE tick;
END ALARM.
```

```
IMPLEMENTATION MODULE ALARM;
FROM Conditions IMPORT tCondition,
                       initCondition,
                       signalCondition,waitCondition,
                       DoExec,
                       enterMonitor,exitMonitor;
 VAR now    :CARDINAL;
     wakeup:tCondition;

PROCEDURE wakemeup(N:CARDINAL);
 VAR next :CARDINAL;
 BEGIN
   enterMonitor;
   next := now + N;
   WHILE (now < next) DO waitCondition(wakeup) END;
   signalCondition(wakeup);
   (* Damit auch der nächste Prozeß
      die Zeitbedingung abfragen kann *)
   exitMonitor
END wakemeup;

PROCEDURE up;
BEGIN now := (now + 1) MOD 10000
END up;

PROCEDURE tick;
 BEGIN
      DoExec(up);
      signalCondition(wakeup)
END tick;

BEGIN
  now := 0;
  initCondition(wakeup)
END ALARM.
```

Mit Hilfe dieses Zeitdienstes läßt sich eine Aktion anstoßen und dann für einige Zeit verzögern (time-out). Dieser Dienst kann z.B. dazu benutzt werden, einen Prozeß zyklisch zu aktivieren oder zu einem vorgegebenen Zeitpunkt zu starten. Die Absolutzeiten müssen dann in Relativzeiten umgerechnet werden. (Daß Ticks auch verloren gehen können, soll uns hier nicht weiter kümmern).

Dazu sei wieder eine kleine Anwendung gezeigt; Abb. 11.12. Wir verwenden das externe Modul ProcessSys des Anhangs. Es dient zur Generierung und Verwaltung von Prozessen. Aus diesem Modul benötigen wir nur die Prozedur "Start", um die Prozeßverwaltung in Gang zu setzen. Dabei ist zu beachten, daß das Hauptprogramm selbst auch als Prozeß verwaltet wird, der jedoch nicht explizit erzeugt werden muß. Dieser Prozeß verzögert sich fortlaufend durch den Aufruf von wakemeup. Ein zweiter Prozeß, der Idler, wird durch den Import der Prozeßverwaltung automatisch erzeugt.

Für die Demonstration einer Absolutzeit importieren wir außerdem das Modul M2Clock.

Abb. 11.11

```
DEFINITION MODULE M2Clock;
(* Datum und Zeit
   Programmierung in Modula - 2, 3. Aufl. [DLR]
   Autor J. Lutz
 *)
TYPE tDaTi = RECORD
                year:   CARDINAL;
                month:  [1..12];
                day:    [1..31];
                hour:   [0..23];
                minute: [0..59];
                second: [0..59];
              END;

PROCEDURE DateAndTime(VAR DaTi : tDaTi);
(*  Computerdatum und -Zeit erfassen  *)

END M2Clock.
```

Das Modul M2Clock ist ebenfalls im Anhang zu finden. Es dient zur Abfrage der aktuellen Uhrzeit. Der Hauptprozeß wird nämlich erst beendet, wenn die volle Minute erreicht ist. Abb. 11.12 enthält nun unser kleines Beispiel.

Abb. 11.12 Anwendungsbeispiel

```
MODULE Meldung;
                IMPORT ALARM;
FROM Timer      IMPORT SetTimer,StopTimer;
                IMPORT ProcessSys;
                IMPORT Write;
FROM M2Clock    IMPORT tDaTi,DateAndTime;
 CONST tickspersec = 10;
 VAR i   : CARDINAL;
     Abs : tDaTi;

BEGIN (* Meldung *)
  SetTimer(ALARM.tick,100);
  ProcessSys.Start;
  FOR i := 1 TO 60 DO
   ALARM.wakemeup( 20 -(i MOD 20));
   Write.String ("           ALARM!");Write.Ln;
  END;
  DateAndTime(Abs);
```

```
      WITH Abs DO
        ALARM.wakemeup((59 - second)* tickspersec)
      END;
      StopTimer
    END Meldung.
```

Die Tatsache, daß hier drei Prozesse im Spiel sind, ist (nahezu) transparent, d.h. von außen nicht erkennbar.

12. PROBLEME MIT DER PROZESSVERWALTUNG

In einem Prozeßsystem können aufgrund eines fehlerhaften Programmentwurfs Situationen entstehen, in denen alle Prozesse blockiert sind und keiner mehr diesen Zustand verlassen kann.

12.1 Verklemmungen

Prozeß P1 befinde sich in einem s1-kritischen Abschnitt und fordere dort ein bestimmtes Betriebsmittel an, d.h. er möchte mit einem s2-kritischen Abschnitt beginnen, während Prozeß P2 sich seinerseits in einem s2-kritischen Abschnitt befinde und dort darauf wartet, mit seinem s1-kritischen Abschnitt beginnen zu können. Da nun keiner der beiden Prozesse den Abschnitt, in dem er sich gerade befindet, verlassen kann, ist eine spezielle Ausnahmesituation, eine sogenannte Verklemmung (deadlock), entstanden.

Falls solche Verklemmungen möglich sind, müssen sie rechtzeitig erkannt und aufgelöst werden. Besser noch wäre es, sie gänzlich zu vermeiden oder zu verhindern.

Wir wollen das folgende Prozeß-System betrachten.

```
PROCESS A;BEGIN..P(s1);..P(s2);..P(s3)...V(s1);V(s2);V(s3)END A;
PROCESS B;BEGIN..P(s2);..P(s4);..P(s3);..V(s4);V(s2);V(s3)END B;
PROCESS C;BEGIN..P(s4);..P(s1);....V(s1);V(s4)END C;
```

In Abbildung 12.1 entsprechen die Kreise dem Betriebsmittel "Semaphor" und eine mit P bewertete Kante von si nach sj der Situation: Wenn Semaphor si dem Prozeß P bereits zugeteilt ist, so wartet P auf die Zuteilung von sj. Die Existenz eines Zykel in diesem Graphen deutet auf die Möglichkeit einer Verklemmung hin.

Abb. 12.1

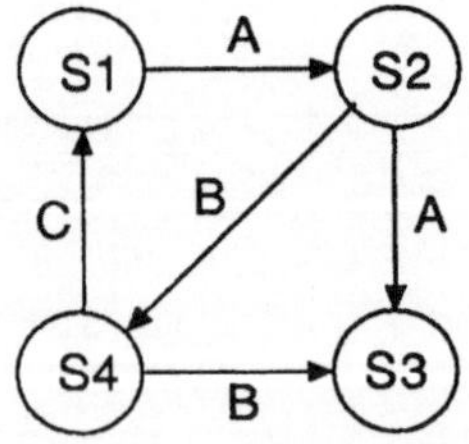

Eine (vollständige) Verklemmung liegt also vor, wenn alle Prozesse auf Ereignisse warten, die nie eintreten können. Ein einzelner Prozeß heißt verklemmt, wenn er blockiert ist (d.h. von sich aus seinen augenblicklichen Zustand nicht verlassen kann) und es für das Prozeß-System keine Folge von Zustandsübergängen gibt, die ihn aus diesem Zustand befreit. Damit eine vollständige Verklemmung eintreten kann, sind folgende Voraussetzungen notwendig.

(1) Die Prozesse fordern und erhalten die exklusive Belegung der benötigten Betriebsmittel (Bedingung des *gegenseitigen Ausschlusses).*

(2) Die Betriebsmittel bleiben den Prozessen bis zum Ende der Anforderung zugeordnet (Bedingung der *Nichtunterbrechbarkeit (no preemption)*).

(3) Die Prozesse belegen bereits zugewiesene Betriebsmittel, während sie auf zusätzliche Betriebsmittel warten *(Wartebedingung).*

(4) Es besteht eine geschlossene Verkettung der Prozesse derart, daß jeder Prozeß ein oder mehrere Betriebsmittel belegt, die vom nächsten Prozeß in der Kette benötigt werden *(zirkuläre Wartebedingung).*

Wenn immer eine dieser Bedingungen verhindert werden kann, tritt im Prozeß-System keine Verklemmung auf.

Vertauschen wir die Reihenfolge der Aufrufe P(s4) und P(s1) in Prozeß C, so ist die Gefahr einer Verklemmung vermieden, da sich dadurch in Abb. 12.1 die Richtung des Pfeiles von s4 nach s1 umkehrt und dann kein Zykel mehr vorhanden ist.

Es gibt mehrere Strategien, Deadlocks zu behandeln, z.B.:

(1) Ignorieren;

(2) Verhindern einer der notwendigen Bedingungen;

(3) Erkennen einer Verklemmung und Abbrechen von Prozessen;

(4) Vermeiden von Verklemmungen durch dynamische Analyse der Resourcen-Vergabe.

Wir wollen das zeitliche Fortschreiten zweier Prozesse durch ein Diagramm (Abb. 12.2) darstellen. In diesem Diagramm umfassen die schraffierten Bereiche diejenigen Zeitpunkte, zu denen eines der beiden unteilbaren Betriebsmittel R1 oder R2 von beiden Prozessen gleichzeitig belegt wäre. In dieses Gebiet können die Prozesse nicht eindringen. Falls also die Prozesse das Gebiet D erreichen, können sie ihren Weg nicht mehr fortsetzen (deadlock). Solche Situationen müssen erkannt werden.

Für die folgenden Überlegungen ist es zweckmäßig, Prozesse mit konstantem Betriebsmittelbedarf in Teilprozesse zu zerlegen und nur die Zeitpunkte t zu betrachten, zu denen ein Teilprozeß beendet oder gestartet wird. Die Teilprozesse sollen nicht unterbrechbar sein.

Abb. 12.2 Verklemmungen

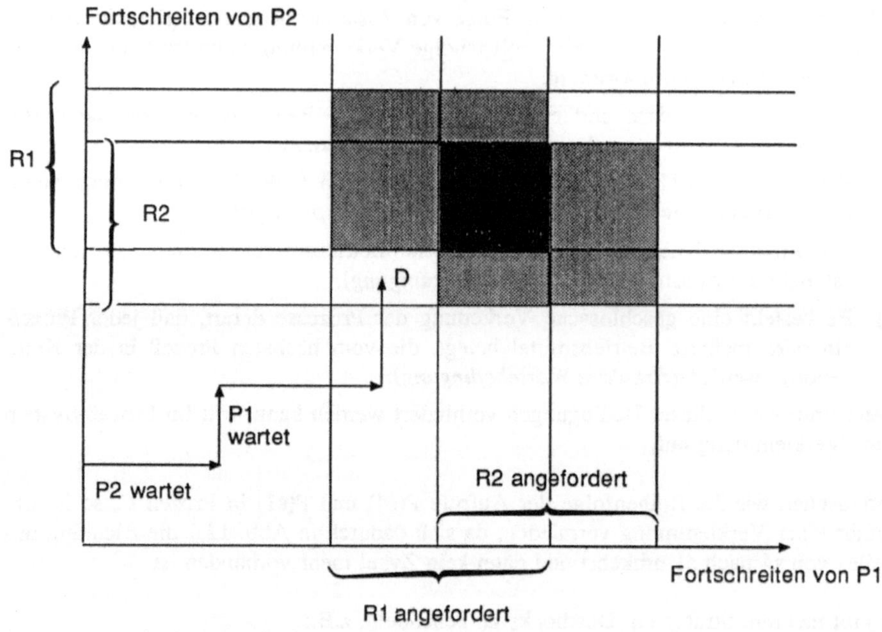

Das Prozeßsystem bestehe also aus den Teilprozessen P1, P2, ..., Pn und benutze die Betriebsmittel R1, R2, ..., Rm.
Mit pij(t) sei angegeben, wieviel Einheiten des Betriebsmittels Rj zum Zeitpunkt t von Teilprozeß Pi belegt sind ($1 \leq i \leq n$, $1 \leq j \leq m$); qij(t) gibt an, wieviel Einheiten des Betriebsmittels Rj zum Zeitpunkt t von Prozeß Pi angefordert werden. Es sei ferner wj die Zahl, die angibt, wie oft das Betriebsmittel Rj vorhanden ist.

Für die Zahl vj(t), die angibt, wie oft Betriebsmittel Rj zum Zeitpunkt t noch verfügbar ist, gilt dann stets:

$$vj(t) = wj - \sum_{i=1}^{n} pij(t)$$

Der Start des Teilprozesses Pi zur Zeit t ist nur dann zulässig, wenn für alle j gilt:

$$vj(t) \geq qij(t).$$

Der folgende Erkennungsalgorithmus (Banker's Algorithm) überprüft nun, ob zu einem Zeitpunkt t eine Verklemmung droht, indem er feststellt, ob es eine Folge von

Prozeßaktivierungen gibt, so daß alle Teilprozesse die zum Zeitpunkt t noch angeforderten Betriebsmittel auch belegen können. Es wird also angenommen, daß es auf die Reihenfolge der Aktivierungen nicht ankommt und daß der Betriebsmittelbedarf jedes Prozesses von vorneherein bekannt ist.

Erkennungsalgorithmus für drohende Verklemmungen:

```
    Es seien L eine Mengenvariable und Er, Xj ganze Zahlen.
    Bestimme pij(t), qij(t) und vj(t), (1 ≤ i ≤ n, 1 ≤ j≤ m).
    Setze L gleich {1,2,...,n}, r gleich 1, und Xj gleich vj(t)
    für 1 ≤ j≤ m.
    LOOP
      Suche ein i aus L mit: qij(t) ≤ Xj für alle j.
      Falls kein solches i vorhanden ist, EXIT(Verklemmung).
      Entferne i aus L, setze Er gleich i und Xj gleich Xj + pij(t) für alle j.
    (* Freigabe der Betriebsmittel des Prozesses Pi *)
      Falls L gleich der leeren Menge ist, EXIT(Erfolg).
    (* Er ,1 ≤ r ≤ n , ist ein verklemmungsfreier Schedule *)
      Setze r gleich r + 1.
    END
```

Falls also als Ergebnis L nicht leer ist, droht eine Verklemmung. Diese läßt sich z.B. dadurch beheben, daß einer oder mehrere der beteiligten Prozesse abgebrochen werden und alle von ihnen belegten Betriebsmittel freigeben.

In einem System, in dem Verklemmungen generell verhindert werden sollen, muß zu jedem Zeitpunkt wenigstens eine der vier, für die Entstehung einer Verklemmung notwendigen Bedingungen nicht erfüllt sein. Da es nicht sinnvoll ist, keine exklusiven Zugriffe zu ermöglichen, bleiben also nur drei grundlegende Strategien zur Verhinderung von Verklemmungen übrig.

(1) *no wait for:* Jeder Prozeß muß seinen gesamten Bedarf an Betriebsmitteln auf einmal verlangen und darf erst bei vollständiger Erfüllung seiner Wünsche fortfahren.
Dies kann aber zu einer schlechten Ausnutzung der Betriebsmittel führen. Oft steht auch der Betriebsmittelbedarf nicht schon von vorneherein fest.

(2) *preemption:* Wenn einem Prozeß der Zugriff auf ein Betriebsmittel versagt wird, muß er alle in seinem Besitz befindlichen Betriebsmittel wieder freigeben und eine Gesamtanforderung stellen (freiwillige preemption).
Diese Strategie ist nur für Betriebsmittel anwendbar, die einem Prozeß entzogen und später wieder zurückgegeben werden können. Solche Betriebsmittel sind z.B. der Prozessor oder bei "swapping-Systemen" der Hauptspeicher.

(3) *no circular wait:* Die Betriebsmittel werden in einer linearen Reihenfolge angeordnet, und Prozesse, die schon über Betriebsmittel verfügen, dürfen nur

noch solche Betriebsmittel anfordern, die in dieser Reihenfolge den schon belegten Betriebsmitteln folgen. Damit ist die Bildung einer zirkulären Wartebedingung unmöglich gemacht.
Die Implementierung dieser Strategie ist jedoch in vielen Fällen unklar. Welche ist die beste Reihenfolge? Die Zahl der Betriebsmittel ist außerdem meist viel zu groß, als daß es eine sinnvolle Ordnung gäbe. Wie wir ja wissen, sind z.B. auch Signale und Semaphoren Betriebsmittel.

12.2 Fairness

Verklemmungen (deadlock) sind nicht die einzigen, unerwünschten Situationen, in die ein Prozeßsystem geraten kann. Dazu zählen auch die sogenannten Life-Locks. Damit sind Situationen gemeint, in denen zwar einige der Prozesse immer wieder laufen können, aber andere Prozesse daran hindern, obwohl diese nicht blockiert sind. Diese Prozesse "verhungern" sozusagen.

Dies ist in einem Prozeßsystem, wie es z.B. in [Wir85] vorgestellt wird, durchaus möglich. Dort werden, wie auch im Prozeßsystem des Anhangs, alle Prozesse in einer Ringliste verwaltet. Sendet einer der Prozesse ein Signal, dann gibt er die Kontrolle, falls ein anderer Prozeß darauf wartet, an diesen ab. Ob ein Prozeß bereit oder blokkiert ist, wird in einem Feld des Prozeß-Steuerblocks vermerkt. In [Hem] werden Beispiele diskutiert, die zeigen, daß unter gewissen Umständen bei dieser Art der Prozessorvergabe Prozesse verhungern können. Die Prozessorvergabe ist nicht fair.

Das einfachste Beispiel ist folgendes: Die Prozesse P1 und P2 aus Abb. 12.3 bilden ein Produzent-Konsument-Paar und befinden sich hintereinander in der Prozeß-Liste, wie Abb. 12.4 zeigt.

Abb. 12.3 Prozesse

```
VAR delay: SIGNAL;

PROCESS P1;
BEGIN
  LOOP
    erzeuge(Objekt);
    push(Puffer,Objekt);
    SEND(delay)
  END
END P1;

PROCESS P2;
BEGIN
  LOOP
    WAIT(delay);
    verarbeite(Objekt);
```

```
    END
  END P2.
```

Wenn nun P2 als erster Prozeß laufend wird, dann verhungern außer P1 und P2 alle anderen Prozesse in der Prozeß-Liste.

P2 wartet nämlich, bis P1 das Signal sendet, erhält dann die Kontrolle und gibt sie an den nächsten bereiten Prozeß in der Warteliste wieder ab. Dies ist P1. Prozeß P1 gibt sie nun durch ein erneutes SEND wieder an P2 zurück und so fort.

Diese Situation kann nicht eintreten, wenn z.B. mit der SEND-Operation nicht zugleich die Kontrolle (an den entblockierten Prozeß) übergeben wird. Dann aber muß sichergestellt werden, daß sich der sendende Prozeß irgendwann einmal selbst blokkiert (z.B. durch WAIT(continue)). Eine andere, i.a. bessere Möglichkeit, die erwähnte Situation zu vermeiden, wäre, getrennte Listen für die bereiten Prozesse und für Signale zu verwenden und diese Listen als FIFO-Warteschlangen zu betreiben.

Unsere Überlegungen würden also auf den ersten Blick dafür sprechen, die SEND-Operation so zu implementieren, daß die Kontrolle nicht sogleich an den entblockierten Prozeß übergeben wird. Was bedeutet dies aber dann für die in Abb. 11.1 gezeigte Implementierung von Semaphoren durch Signale? Jetzt kann ein Prozeß, der seinen kritischen Abschnitt mit V(s) verläßt, diesen mit P(s) wieder betreten bevor noch irgendeiner der wartenden Prozesse die Chance dazu hatte. Dies ist sicher auch nicht fair. Fairer ist es, wenn der Prozeß, der V(s) ausführt, zunächst feststellt, ob ein anderer Prozeß darauf wartet, seinen s-kritischen Abschnitt ausführen zu können, und, wenn dies der Fall ist, das Semaphor s nicht freigibt, sondern nur einen der wartenden Prozesse aktiviert. Dieser kann in seinen kritischen Abschnitt eintreten, da er ja nicht mehr die Variable "tacken" abfragt.

Abb. 12.4 Teil einer Prozeß-Liste

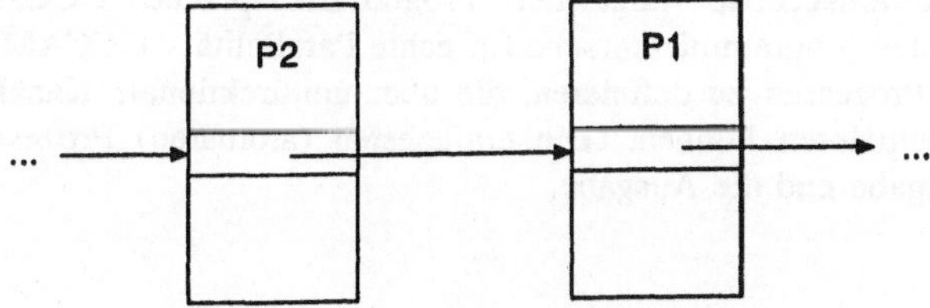

13. KOMMUNIKATION DURCH BOTSCHAFTEN

Kommunikation zwischen Prozessen kann entweder über den Zugriff auf gemeinsame Daten oder durch Austauschen von Botschaften erfolgen. Bei der ersten Alternative müssen die Kommunikationsprimitve als kritische Abschnitte implementiert werden. Für die zweite Alternative ist wesentlich, daß Botschaften als Werte (by value) übergeben werden. Dies bedeutet, daß sie vom Datenbereich des Senders in den Datenbereich des Empfängers kopiert werden müssen. Es gibt dann keine gemeinsamen Datenbereiche. Deshalb erfordert ein Botschaftenaustausch im Prinzip auch keine Mechanismen für den gegenseitigen Ausschluß der miteinander kommunizierenden Prozesse.

13.1 Synchroner Botschaftenaustausch

Der Austausch von Botschaften dient sowohl der Kommunikation als auch der Synchronisation zwischen den beteiligten Prozessen. Er kann synchron oder asynchron erfolgen

Die Protokolle, über die der Botschaften-Austausch abgewickelt wird, müssen gewährleisten, daß die Botschaften in der richtigen Reihenfolge empfangen werden, unabhängig davon, wann der Empfänger empfangsbereit ist. Sie haben ferner zu gewährleisten, daß die Kommunikation zuverlässig ist. Wenn z.B. wegen Mangels an Pufferplatz eine Botschaft verlorengeht, muß dies erkannt und die Botschaft gegebenenfalls zu einem späteren Zeitpunkt nocheinmal versandt werden. Das Kommunikationsprotokoll sollte also den Verlust einer Botschaft tolerieren. Was hat aber zu geschehen, wenn der Senderprozeß nicht mehr existiert? Die Fehlertoleranz des Protokolls muß auch diesen Fall berücksichtigen.

Bei einem synchronen Botschaftenaustausch findet Kommunikation erst statt, wenn beide, Sender und Empfänger, für die Übertragung der Botschaft bereit sind. Bei parallelen Prozessen ist somit kein Zwischenspeichern der Botschaften erforderlich. Man spricht in diesem Fall von einem Rendevouz zwischen Sender und Empfänger und nennt das Transportmedium für Botschaften einen Kanal. Ist der Sender oder der Empfänger nicht existent, kann dies durch einen Time-out-Mechanismus des Empfängers bzw. Senders erkannt werden.

Dieses Kommunikationsprinzip liegt der Programmiersprache OCCAM [MaT] zugrunde, einer Systemprogrammiersprache für echte Parallelität. OCCAM ermöglicht es, Aggregate von Prozessen zu definieren, die über unidirektionale Kanäle synchron miteinander kommunizieren können. Die einfachsten (atomaren) Prozesse sind die Zuweisung, die Eingabe und die Ausgabe.

```
v := e   -- weise den Wert des Ausdrucks e der Variablen v zu;
k ! e    -- gebe den Wert des Ausdrucks e auf Kanal k aus;
k ? v    -- empfange von Kanal k einen Wert für v.
```

So stellen z.B. in OCCAM die Konstrukte

A := B + 1 und C := E * 2

bereits zwei unabhängige Prozesse dar, die, sobald sie starten, einen Wert für A bzw. für C berechnen und dann terminieren. Aus atomaren Prozessen können komplexere Prozesse konstruiert werden.

Ein sequentieller Prozeß besteht aus einer Sequenz (SEQ) atomarer Prozesse, z.B.:

```
SEQ                   SEQ
 A := B + 1            A := B + 1
 C := E * 2            k ! A
```

Ein paralleler Prozeß besteht aus concurrenten Teilprozessen (PAR), die parallel ablaufen können, z.B.:

```
PAR                   PAR
 A := B + 1            k ? C
 C := E * 2            q ? A
```

Concurrente Programme können also aus Kanälen (CHAN), Input- und Output-Anweisungen, SEQ- und PAR-Konstrukten aufgebaut werden. Mit dem ALT-Konstrukt ist es möglich, alternative Ausführungen von Teilprozessen zuzulassen, z.B. das gleichzeitige Warten auf Eingabe von mehreren Kanälen. Das folgende OCCAM-Programm zeigt ein einfaches Beispiel; Abb. 13.1a und 13.1b.

Abb. 13.1a OCCAM-Prozesse

```
CHAN k,k1,k2,q,q1,q2:
 PROC puffer(CHAN ein1,ein2,aus1,aus2) =
  WHILE TRUE
   VAR x:
   ALT
    SEQ
     ein1 ? x
     aus1 ! x
    SEQ
     ein2 ? x
     aus2 ! X

PAR
 puffer(k1,q,k,q2)
 puffer(k,q1,k2,q)
```

Abb. 13.1b OCCAM-Prozesse

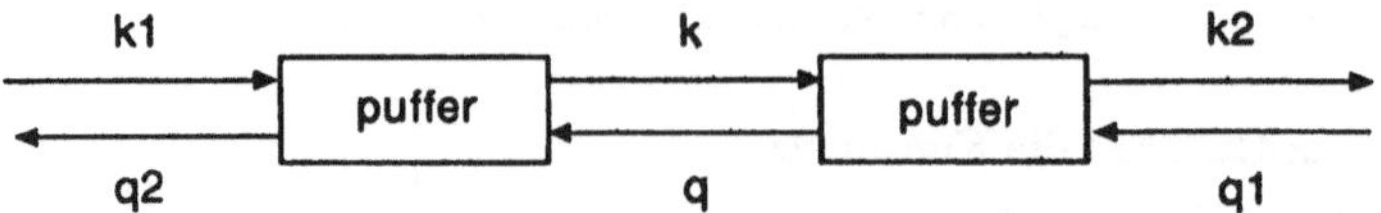

Der Prozeß "Puffer" simuliert sozusagen die Pufferung von Botschaften. Es werden zwei Exemplare dieses Prozesses erzeugt.

In OCCAM gibt es u.a. auch Sprachmittel für die Zuordnung von Prozessen zu Prozessoren und für die Zeitverwaltung. So ist z.B. TIMER der Name eines speziellen Kanals, der von einer Uhr mit den aktuellen Zeitwerten beschickt wird;

TIMER tick:
VAR t:

Ein Prozeß kann die Timervariable lesen: tick?t, oder warten, bis der Timer einen genannten Wert erreicht hat: tick?AFTER wert.

Die Synchronisation zwischen OCCAM-Prozessen erfolgt beim Senden und Empfangen von Daten über Kanäle. Wenn ein Prozeß eine Kanaloperation ausführt, wird er solange verzögert, bis von einem anderen Prozeß die entsprechende Kanaloperation ausgeführt wurde.

Wird ein Rendevouz solange beibehalten, d.h. der Sender verzögert, bis die Antwort des Empfängers eintrifft, so entsteht die Wirkung eines Prozeduraufrufs. Diese Kommunikationsvariante wird Fernaufruf-Senden (remote invocation send) genannt. Der Empfang einer Botschaft läßt sich dann entweder explizit durch ein Empfangs-Primitiv oder implizit vorsehen. Im letzteren Fall hat der Aufruf des Send-Primitivs beim Empfänger die Wirkung eines Interrupts. Man spricht in diesem Fall von einem Fernprozedur-Aufruf (remote procedure call).

13.2 Verklemmungen

Ein System S kommunizierender Prozesse gerät in eine Kommunikations-Verklemmung, wenn folgende Situation eintritt:

(a) Jeder Prozeß aus S wartet auf Botschaften.
(b) Alle Prozesse aus S warten nur auf Botschaften von Prozessen aus S.
(c) Keine erwartete Botschaft ist unterwegs.

Abbildung 13.2 zeigt ein solches Prozeß-System. Eine Kante von Prozeß Pi zu Prozeß Pj besagt, daß Pi eine Botschaft von Pj erwartet. Zyklen in diesem Graphen deuten auf Verklemmungen hin. Solche Zyklen sind rechtzeitig zu erkennen und dann zu vermeiden. Aber auch wenn keine Zyklen auftreten, kann eine Kommunikationsverklemmung entstehen, falls einer der beteiligten Prozesse vorzeitig terminiert, ohne daß die übrigen Prozesse davon Kenntnis erlangen.

Abb. 13.2 Kommunikationsverklemmung

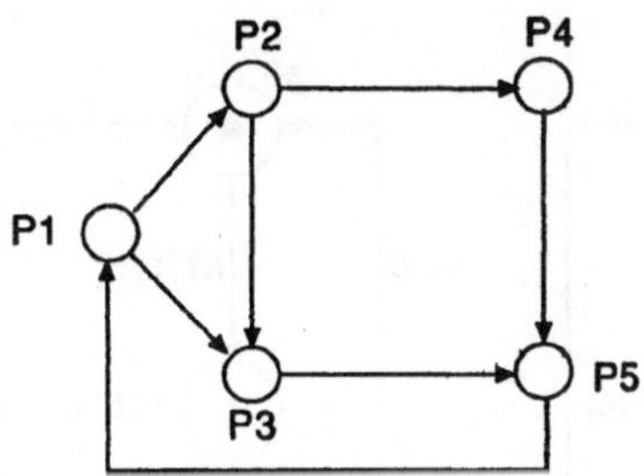

Es ist schwer, Kommunikations-Verklemmungen vorauszusehen. Daher muß man nach Möglichkeiten suchen, mit denen sich Kommunikationsstrukturen modellieren und analysieren lassen. Eine solche Möglichkeit ist in den sogenannten interagierenden endlichen Automaten (Protokollautomaten) gegeben. Als einfaches Beispiel wollen wir ein System aus zwei Prozessen P1 und P2 modellieren. Das Kommunikationsprotokoll sei wie folgt spezifiziert.

Der sendende Prozeß - in unserem Fall P1 - muß, wenn er eine Botschaft senden will, erst anfragen, ob der Empfänger P2 bereit ist. Für den Botschaftenaustausch stehen zwei unidirektionale Kanäle zur Verfügung:

Kanal k1 für Botschaften von P1 an P2
Kanal k2 für Botschaften von P2 an P1.

Jeder Prozeß kann einen von drei Zuständen si einnehmen:

Prozeß P1: s0 = aktiv, s11 = wartend, s12 = sendend;
Prozeß P2: s0 = aktiv, s21 = unterbrochen, s22 = empfangsbereit.

Außerdem kommen folgende protokoll-eigene Botschaften ins Spiel:

r (request) : Aufforderung zur Entgegennahme einer Botschaft
d (denial) : Rückweisung der Aufforderung
a (acknowledge) : Annahme der Aufforderung
e (end) : Ende des Botschaftenaustausches.

Abbildung 13.3 zeigt die Zustandsübergänge der Protokollautomaten. An den Kanten für die Zustandsübergänge ist das Ereignis angegeben, welches den entsprechenden Zustandsübergang auslöst. Es wurde die OCCAM-Notation verwendet. Das Protokoll gestattet die Botschaftsübermittlung nur in einer Richtung. Das vollständige Kommunikationsprotokoll für einen gegenseitigen Botschaftenaustausch würde eine

Erweiterung erfordern und zwar sind dann für jeden Prozeß alle fünf Zustände s0, s11, s21, s12 und s22 vorzusehen.

Abb. 13.3 Interagierende Automaten

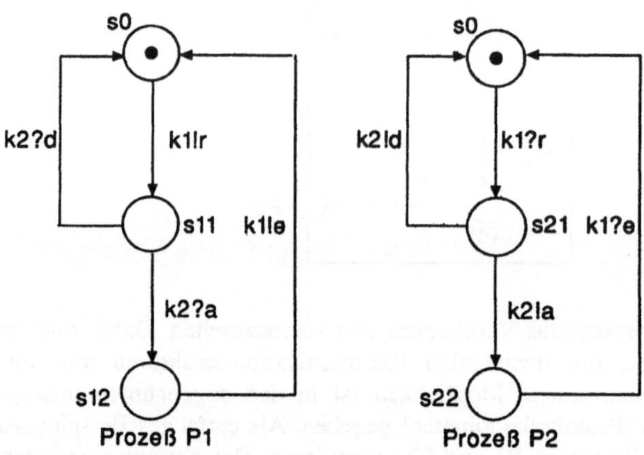

Der Gesamtzustand Z eines Zwei-Prozeß-Systems läßt sich als 2×2 Matrix darstellen; dabei sei mit zi der Zustand von Pi und mit <k> der Inhalt des Kanals k bezeichnet.

$$Z = \begin{pmatrix} z1 & \langle k1 \rangle \\ \langle k1 \rangle & z2 \end{pmatrix}$$

z.B.

$$Z = \begin{pmatrix} s1 & r \\ \emptyset & s0 \end{pmatrix}$$

Hier steht Ø für einen leeren Kanal. (Im allgemeinen sind Zustandsübergänge auch bei leeren Kanälen möglich.) Die Protokollanalyse besteht nun im wesentlichen darin, alle vom Anfangszustand aus erreichbaren Zustände zu ermitteln (Erreichbarkeitsanalyse) und festzustellen, ob unerwünschte Zustände auftreten können. Die Zustandsraumdarstellung eignet sich auch gut für eine Simulation des Protokollverhaltens.

Ein unerwünschter Gesamtzustand wäre z.B. der Leer-Kanal-Verklemmungs-Zustand (LKV), in dem weder P1 in z1 noch P2 in z2 eine Botschaft senden kann und es keine Übergänge aus diesen Zuständen bei leeren Kanälen gibt; z.B.:

$$Z = \begin{pmatrix} s11 & \emptyset \\ \emptyset & s0 \end{pmatrix}$$

In diesen Zustand gerät das Prozeß-Paar z.B., wenn r verloren geht.

Ein Prozeß-Paar ist einer totalen Verklemmung ausgesetzt, wenn vom Anfangszustand aus ein LKV-Zustand erreicht werden kann. Es läßt sich zeigen, daß es nicht (allgemein) entscheidbar ist, ob Prozeß-Paare einer totalen Verklemmung ausgesetzt sind, wenn sie Kanäle mit unbeschränkter Kapazität benutzen [RäT].

Das Modell kann auch verwendet werden, um das Verhalten des Protokolls in Ausnahmesituationen zu studieren. Was geschieht, wenn z.B. eine der Protokollbotschaften verloren geht und wie ist der Zustandübergangsgraph zu erweitern, damit der Verlust toleriert werden kann? In anderen Worten, wie hat das Protokoll auf Ausnahmen zu reagieren (Ausnahmebehandlung)? Abb. 13.4 zeigt ein fehlertolerantes Kommunikations-Protokoll. Welche Fehler werden toleriert?

Abb. 13.4 Ein Alternierendes Bit-Protoll

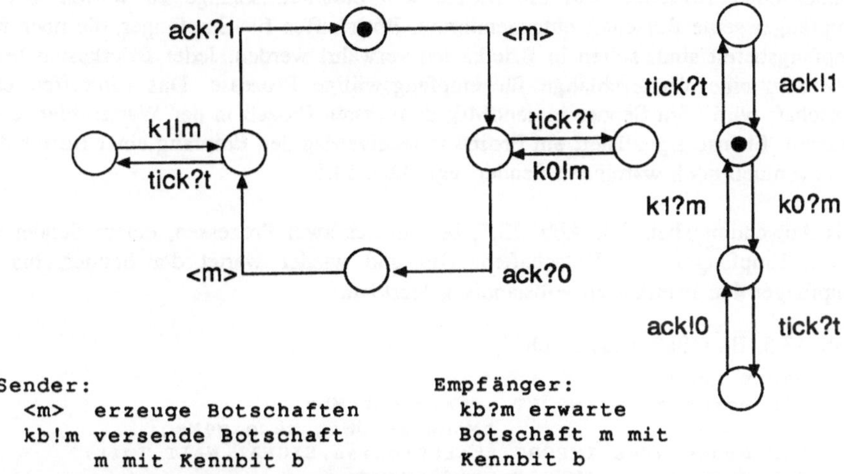

13.3 Asynchroner Botschaftenaustausch

Ermöglicht das Kommunikationsmedium ein temporäres Zwischenspeichern von Botschaften, so daß die Kommunikationspartner sich beim Austausch von Botschaften nicht synchronisieren müssen, dann spricht man von einem asynchronen Botschaftenaustausch. Der asynchrone Botschaftenaustausch läßt sich z.B. über ein System von Briefkästen (mail boxes) abwickeln, in die Botschaften abgelegt bzw. aus denen sie

entnommen werden [Hop]. Die Briefkästen können allgemein zur Verfügung gestellt oder aber den einzelnen Prozessen fest zugeordnet werden (Empfänger- bzw. Senderbriefkästen). Falls nur synchrone Kommunikationsprimitive zur Verfügung stehen, läßt sich ein asynchroner Botschaftenaustausch nachbilden, in dem das Briefkastensystem von einem eigenen Managerprozeß verwaltet wird, der mit den restlichen Prozessen des Prozeß-Systems synchron kommuniziert. Beim asynchronen Botschaftenaustausch haben wir es wieder mit dem Produzent-Konsument-Problem zu tun. Vor allem können jetzt - im Gegensatz zum synchronen Botschaftenaustausch - unbegrenzt viele Botschaften unterwegs sein, auch wenn es nur eine begrenzte Zahl von Prozessen gibt. Synchroner Botschaftenaustausch bindet die Prozesse enger aneinander und ist weniger flexibel als asynchroner Botschaftenaustausch. Er vermindert den Grad an möglicher Nebenläufigkeit. Dafür ist es meist leichter, die Korrektheit des Botschaftenverkehrs nachzuweisen. Andererseits ist es beim asynchronen Botschaftenaustausch eher möglich, für die Fehlertoleranz des Botschaftenverkehrs zu sorgen, da dieser die Prozesse voneinander möglichst isoliert.

Die Primitive für den asynchronen Botschaftenaustausch wollen wir im folgenden Beispiel "sendMsg" (send message) und "receiveMsg" (receive message) nennen. Der Sender einer Botschaft soll die Möglichkeit erhalten, solange zu warten, bis der Empfänger seine Botschaft entgegennimmt. Botschaften für Empfänger, die noch nicht empfangsbereit sind, sollen in Briefkästen verwahrt werden. Jeder Briefkasten besitzt außerdem eine Warteschlange für empfangswillige Prozesse. Das Eintreffen einer Botschaft wird vom Sender in sendMsg dem ersten Prozeß in der Warteschlange signalisiert. Ebenso signalisiert ein Prozeß in receiveMsg den Empfang einer Botschaft an den eventuell noch wartenden Sender; vgl. Abb. 13.5.

Das Anwendungsbeispiel, Abb. 13.5, besteht aus zwei Prozessen, einem Sender und einem Empfänger von Botschaften. Hin und wieder wartet der Sender, bis der Empfänger den Briefkasten vollständig geleert hat.

Abb. 13.5 Botschaftenaustausch

```
MODULE MsgDemo;
FROM Messages    IMPORT tMbx,createMbx,
                        tMode,sendMsg,receiveMsg;
FROM ProcessSys  IMPORT startProcess,SIGNAL,WAIT,Init;
FROM Random      IMPORT RandomCard;
FROM Strings     IMPORT String,Compare,CompareResults;
FROM InOut       IMPORT WriteString,WriteLn,Read;

VAR Box : tMbx;
c:CHAR;

PROCEDURE empfangen;
VAR m:String;
BEGIN
```

```
 LOOP
   receiveMsg(m,Box);
   WriteString(m);WriteLn;
   IF Compare(m," ich  warte ") = Equal THEN Read(c) END
   (* Falls die Botschaft "ich warte" heisst,
      dann warte auf Eingabe *)
 END
END empfangen;

PROCEDURE senden;
VAR mode :tMode;
BEGIN
 LOOP
  mode := VAL(tMode,RandomCard(0,1));
  CASE mode OF
   nowait : sendMsg(nowait,' ich warte nicht ',Box) |
     wait : sendMsg(wait,' ich warte ',Box)
  END;
 END
END senden;

PROCEDURE ErrMsg;
BEGIN
 WriteString('Mailbox nicht erzeugt');WriteLn
END ErrMsg;

VAR forever : SIGNAL;(* für den Hauptprozeß *)

BEGIN (*MsgDemo*)
createMbx(Box,ErrMsg);
Init(forever);
startProcess(senden,524);
startProcess(empfangen,524);
WAIT(forever)
END MsgDemo.
```

Dieses Beispiel stellt eine einfache Version des Konsumenten-Produzenten-Modells dar. Der eine Prozeß produziert Botschaften, die der andere Prozeß konsumiert (liest).

In einem eng gekoppelten Prozeßsystem liegt es nahe, die Warteschlangen als Objekte des ADTs SIGNAL zu implementieren. Wir wollen hier auch so vorgehen - wohl wissend, daß das Konzept des Botschaftenaustauschs eigentlich für die Kommunikation unter lose gekoppelten Prozessen gedacht ist. Dafür wären die Primitive send und wait entsprechend anders zu implementieren.

Als erstes seien wieder die Definitionsteile der Moduln vorgestellt; Abb. 13.6 bis 13.8. Abbildung 13.9 enthält dann einen Implementierungsvorschlag für das Modul Messages.

Abb. 13.6 Botschaftenverwaltung

```
DEFINITION MODULE Messages;
FROM SYSTEM IMPORT WORD,ADDRESS;
FROM Strings IMPORT String;
TYPE tMbx;
     (* ADT Mailbox für Botschaften vom Typ String *)
     tMode = (wait,nowait);
     (* für Senden mit oder ohne Warten *)

(* Briefkästen *)
PROCEDURE createMbx(VAR mailbox:tMbx; errhandl:PROC);
PROCEDURE emptyMbx(mailbox:tMbx):BOOLEAN;
(* Befindet sich eine Botschaft in mailbox? *)

(* Botschaften *)
PROCEDURE sendMsg(mode:tMode;message:String;mailbox:tMbx);
PROCEDURE receiveMsg(VAR message:String;mailbox:tMbx);
PROCEDURE AwaitedMsg(mailbox:tMbx):BOOLEAN;
(* Wartet ein Prozeß auf eine Botschaft bei mailbox? *)
END Messages.
```

Für die Prozeßverwaltung wollen wir wieder das Modul ProcessSys heranziehen, das ja den Abstrakten Datentyp SIGNAL bereits enthält.

Abb. 13.7 Prozeßverwaltung

```
DEFINITION MODULE ProcessSys;

 TYPE SIGNAL;   (* ADT für Signale *)

 PROCEDURE startProcess(p:PROC;wrkspcsize:CARDINAL);
  (* erzeugt und startet einen Prozeß mit Coroutine p
   * und einem Arbeits-Speicher der Größe wrkspcsize *)
 PROCEDURE SEND(VAR s:SIGNAL);
  (* der erste auf s wartende Prozeß wird wieder bereit *)
 PROCEDURE WAIT(VAR s:SIGNAL);
  (* warten, bis Signal s gesendet wird *)
 PROCEDURE Awaited(s:SIGNAL):BOOLEAN;
  (* TRUE : mindestens ein Prozeß wartet auf s *)
 PROCEDURE Init(VAR s:SIGNAL);
  (* Initialisierung von s *)
 PROCEDURE Start;
  (* Systemstart *)

END ProcessSys.
```

Für die Verwaltung der Botschaften verwenden wir das Modul TIQUEUE, ebenfalls ein Abstrakter Datentyp. Die Implementationsteile beider Moduln befinden sich im Anhang.

Abb. 13.8 Warteschlangen

```
DEFINITION MODULE TIQUEUE;
FROM SYSTEM IMPORT ADDRESS;
TYPE tQueue;
(* ADT für Warteschlangen *)
PROCEDURE createQueue(VAR queue:tQueue);
(* Erzeugt eine Warteschlange *)
PROCEDURE enqueue(VAR queue:tQueue;element:ADDRESS);
(* Fügt element an das Ende der Warteschlange *)
PROCEDURE dequeue(VAR queue:tQueue;VAR element:ADDRESS);
(* Entfernt erstes Element aus Warteschlange *)
PROCEDURE emptyQueue(queue:tQueue):BOOLEAN;
(* Ist die Warteschlange leer? *)

END TIQUEUE.
```

Diese Moduln exportieren alles, was wir für einen asynchronen Botenaustausch benötigen. Abb. 13.9 zeigt eine Implementierung der Botschaftenverwaltung. Für das Senden von Botschaften sind zwei Modi vorgesehen: ein "wait-send" und ein "no-wait-send".

Abb. 13.9 Botschaftenverwaltung

```
IMPLEMENTATION MODULE Messages;
FROM TIQUEUE     IMPORT tQueue,createQueue,emptyQueue,
                         enqueue,dequeue;
FROM ProcessSys IMPORT SIGNAL,startProcess,
                       SEND,WAIT, Awaited,Init;
FROM Strings    IMPORT String;
FROM SYSTEM     IMPORT ADR,WORD,ADDRESS,SIZE,TSIZE;
FROM Storage    IMPORT ALLOCATE,DEALLOCATE;

TYPE MBX   = RECORD                  (* Briefkästen *)
               msgque : tQueue;  (* Botschaften *)
               prc    : SIGNAL;  (* Prozesse    *)
             END;
             (* msgque ist die Warteliste für Botschaften,
                prc die für empfangswillige Prozesse     *)
     tMbx = POINTER TO MBX;

     tpMessage = POINTER TO MSG;

     MSG   = RECORD
              msg    : String;
              sender: SIGNAL
             END;
             (*msg ist die Botschaft und sender ist das Signal,
               auf das der Sender dieser Botschaft wartet,
               wenn sie im Modus "wait" verschickt wurde   *)
```

```
PROCEDURE createMbx(VAR mailbox:tMbx; errhandl:PROC);
BEGIN
   ALLOCATE(mailbox,SIZE(mailbox^));
      IF mailbox = NIL THEN errhandl
      ELSE WITH mailbox^ DO
           createQueue(msgque);
           Init(prc)
           END
      END
END createMbx;

PROCEDURE emptyMbx(mailbox:tMbx):BOOLEAN;
BEGIN
   RETURN emptyQueue(mailbox^.msgque);
END emptyMbx;

PROCEDURE AwaitedMsg(mailbox:tMbx):BOOLEAN;
BEGIN
   RETURN Awaited(mailbox^.prc);
END AwaitedMsg;

PROCEDURE sendMsg(mode:tMode; message:String;mailbox:tMbx);
VAR mes     : tpMessage;
   mesadr : ADDRESS;
BEGIN
  ALLOCATE(mes,TSIZE(MSG));
  WITH mes^ DO
   msg := message;
   Init(sender)
  END;
  mesadr := ADDRESS(mes);
  WITH mailbox^ DO
    enqueue(msgque,mesadr);
    IF Awaited(prc) THEN SEND(prc)
    ELSIF mode = wait THEN
         WAIT(mes^.sender)
    END
  END (*WITH*);
END sendMsg;

PROCEDURE receiveMsg(VAR message:String;mailbox:tMbx);
VAR mes     : tpMessage;
   mesadr : ADDRESS;
BEGIN
 LOOP
   WITH mailbox^ DO
    IF emptyQueue(msgque) THEN WAIT(prc)
    ELSE dequeue(msgque,mesadr);
         mes := tpMessage(mesadr);
         WITH mes^ DO
           message:= msg;
           SEND(sender)
```

```
          END;
          DEALLOCATE(mes,TSIZE(MSG));
          EXIT
     END  (*IF*)
    END(*WITH*)
  END(*LOOP*);
END receiveMsg;

BEGIN
  MError := FALSE
END Messages.
```

Abb. 13.10 zeigt den Prozeß-Zustandsgraphen für das auf Botschaftenaustausch basierende Prozeßsystem. Es bedeutet "operation:R (S,C)", daß bei Ausführung der Prozedur "operation" ein Empfänger R, ein Sender S bzw. der aufrufende Prozeß C seinen Zustand wechselt.

Ein derartiges Botschaftensystem läßt sich auch zur Interruptbehandlung einsetzen. Den Interrupt-Quellen werden Mailboxen zugeordnet, die von einer (low level) Interrupt-Dispatch-Routine beschickt werden. Ist ein Prozeß für die Behandlung eines Interrupts zuständg, so wartet er mit einem receiveMsg-Aufruf bei der entsprechenden Mailbox.

Wir wollen das Modul Messages für eine alternative Implementierung des Moduls ALARM aus Kapitel 11.4 verwenden. Diese beruhe also auf Austausch von Botschaften. Den Prozessen soll jetzt die Möglichkeit geboten werden, sich mit wakemeup(N) bis zu den nächsten (N MOD MaxDelay) × n Timer-Ticks zu verzögern, wobei n der Voreinstellwert des Timers ist; Abb. 13.11.

Abb. 13.10

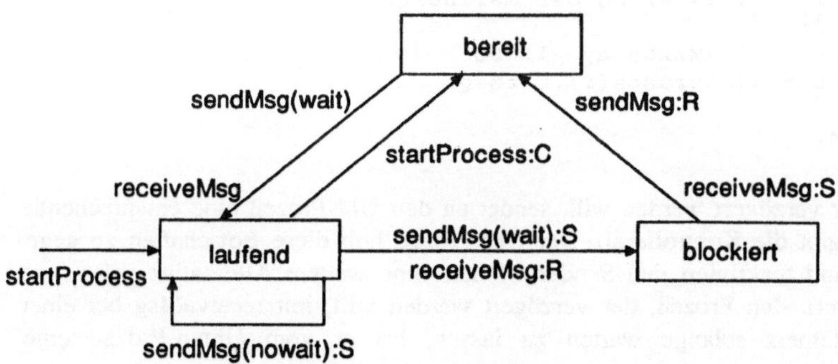

Abb. 13.11 Eine Alternative zu Abb. 11.10

```
IMPLEMENTATION MODULE ALARM[6];
FROM Messages IMPORT tMbx,tMode,createMbx,AwaitedMsg,
                     emptyMbx,sendMsg,receiveMsg;
FROM Strings IMPORT String;
FROM InOut IMPORT WriteString;

CONST MaxDelay = 10;
VAR now       :CARDINAL;
    AlertBox : ARRAY [0..MaxDelay-1] OF tMbx;
    (* Mailboxen für Verzögerungsbotschaften *)

PROCEDURE wakemeup(N:CARDINAL);
 VAR next :CARDINAL;
 BEGIN
   next := (now + N) MOD MaxDelay;
   sendMsg(wait,"delay",AlertBox[next])
END wakemeup;

PROCEDURE tick;
VAR dummy:String;
 BEGIN (* In der aktuellen Mailbox nachsehen und dabei
          die dort wartenden Prozesse aktivieren      *)
   now := (now +1) MOD MaxDelay;
   WHILE NOT emptyMbx(AlertBox[now]) DO
     receiveMsg(dummy,AlertBox[now])
   END;
END tick;

PROCEDURE ErrMsg;
BEGIN
 WriteString(" Error in createMbx")
END ErrMsg;

VAR i :CARDINAL;
BEGIN (* Initialisierung der Mailboxen *)
  now := 0;
  FOR i := 0 TO (MaxDelay -1) DO
     createMbx(AlertBox[i],ErrMsg)
  END
END ALARM.
```

Der Prozeß, der verzögert werden will, sendet an den Uhr-Prozeß eine entsprechende Botschaft und gibt die Kontrolle ab. Der Uhr-Prozeß holt diese Botschaften zu gegebener Zeit ab und reaktiviert den Sender wieder. Eine weitere Alternative wäre (wie schon angedeutet), den Prozeß, der verzögert werden will, mit receiveMsg bei einer Mailbox des Timers solange warten zu lassen, bis er vom Uhren-Prozeß eine Botschaft erhält.

14. MODELLIERUNG VON PROZESS-SYSTEMEN

Concurrente Programme sind meist schwieriger zu erstellen als sequentielle Programme vergleichbaren Umfangs, da neben der korrekten Implementierung der einzelnen sequentiellen Programmteile auch deren Zusammenspiel zu berücksichtigen ist. Deshalb ist es i.a. auch schwieriger, ihre Korrektheit nachzuweisen [Bab]. In diesem Kapitel wollen wir auf die Modellierung von Prozeß-Systemen als eine Möglichkeit eingehen, dieses Zusammenspiel darzustellen und zu verifizieren. Speziell soll die Modellierung durch sogenannte Petri-Netze gezeigt werden. Dabei spielt der Begriff "Atomarität" eine wichtige Rolle.

14.1 Atomare Aktionen

Eine Aktion heißt atomar, wenn während ihrer Ausführung Objekte, die von ihr modifiziert werden, für andere Aktionen nicht zugreifbar sind. Objekte atomarer Aktionen sind also vor (unberechtigten) Zugriffen von außen geschützt. Eine Aktion ist fehleratomar, wenn sie atomar ist und immer entweder ohne Unterbrechung vollständig ausgeführt wird oder aber keine Auswirkungen hinterläßt. Tritt also während der Ausführung einer fehleratomaren Aktion ein Fehler (eine Ausnahme) auf, so ist es möglich, entweder die Aktion korrekt zu beenden oder aber den Zustand, der vor Beginn der Aktion bestand, wiederherzustellen. Die Aktion kann dann nach Beseitigung der Fehlerursache wiederholt werden. Es liegt auf der Hand, daß Atomarität die Zuverlässikeit concurrenter Programme erhöht und ihren Korrektheitsbeweis wesentlich erleichtert.

Eine Möglichkeit, für eine Menge von Aktionen Atomarität zu erreichen, ist, nur die serielle Ausführung dieser Aktionen zuzulassen. Will man jedoch aus guten Gründen Nebenläufigkeit zulassen, so ist stattdessen dafür zu sorgen, daß diese Aktionen serialisierbar sind. Eine Menge von Aktionen heißt serialisierbar, wenn jede concurrente Ausführung dieser Aktionen, die möglich ist, denselben Effekt hat wie eine sequentielle Ausführung derselben Aktionen. Die beiden Aktionen

A1: x := x+1;y := y+1 und A2: x := x*2;y := y*2

sind z.B. nicht serialisierbar, da die concurrente Ausführungsfolge

x := x+1; x := x*2; y := y*2; y := y+1;

bei den Anfangswerten x = 2, y = 2 die Werte x = 6 und y = 5 ergibt, was weder mit der seriellen Ausführung A1;A2 noch mit der seriellen Ausführung A2;A1 erreicht wird. Dagegen sind die beiden folgenden Aktionen serialisierbar.

```
VAR s:Semaphore;
A3: P(s);                          A4 : P(s);
    x := a;a := x-b;                    y := a;a := y-c;
    V(s);                               V(s);
    r := r+b;                           q := q+c;
```

Damit eine Menge von Aktionen serialisierbar ist, muß ihre Implementierung i.a. bestimmte Synchronisationsregeln beachten. Damit die Aktionen fehleratomar sind, müssen zusätzlich Regeln festgelegt werden, nach denen eine Fehler-Erkennung und -Behandlung erfolgen soll. Eine Gesamtheit solcher Regeln haben wir ein (Synchronisations-)Protokoll genannt. Dies geschah in Anlehnung an den umgangssprachlichen Gebrauch des Wortes Protokoll, das - vereinfacht gesagt - die Gesamtheit der Vorschriften bezeichnet, welche den zeitlichen Ablauf der Kommunikation zwischen Gesprächspartnern festlegen. Sie legen i.a. auch die Struktur des Gesprächsinhalts fest. Halten sich die Partner nicht an diese Regeln, können sie sich nicht verständigen und folglich auch nicht korrekt kooperieren. Ein Protokoll beschreibt also das Zusammenspiel concurrenter Aktivitäten, nicht jedoch die Aktivitäten selbst. Von diesen wird im Protokoll abstrahiert.

Will man die Serialisierbarkeit einer Menge von Aktionen gewährleisten, so sind also entsprechende Protokolle einzuhalten. Die Korrektheit solcher Protokolle für eine Menge von Aktionen nachzuweisen, ist eine der wichtigsten Aufgaben, die sich aus der Verifizierung concurrenter Programme ergeben. Vorausetzung ist, daß die Protokolle mit formalen (oder wenigstens halbformalen) Methoden modelliert und unmißverständlich spezifiziert werden. Zu den bekannteren Modellierungs- und Spezifizierungstechniken zählen Verfahren, die auf Logikkalkülen basieren sowie die interagierenden endlichen Automaten, die wir in Kapitel 13.2 kennengelernt haben. Ein weiteres, allgemein verbreitetes Modellierungsmittel, nämlich sogenannte Petri-Netze, soll im folgenden vorgestellt werden.

14.2 Netze aus Stellen und Transitionen

Ein Netz aus Stellen (oder Plätzen) und Transitionen, ein sogenanntes PT-Netz, ist gegeben durch:

- eine Menge S von Stellen, dargestellt als Kreise,
- eine Menge T von Transitionen, dargestellt als Balken oder Kästchen,
- Pfeile von Stellen zu Transitionen,
- Pfeile von Transitionen zu Stellen,
- eine Kapazitätsangabe K(s) für jede Stelle s des Netzes,
- ein Gewicht G(s,t) bzw. G(t,s) für jeden Pfeil von einer Stelle s zu einer Transition t bzw. von einer Transition t zu einer Stelle s

- und eine Anfangsmarkierung M0 für die Stellen des Netzes, dargestellt durch Marken (Punkte) in den Stellen.

Stellen ohne Kapazitätsangabe haben unbegrenzte Kapazität; Pfeile ohne Gewichtsangabe haben das Gewicht 1. Abbildung 14.1 zeigt ein Beispiel.

PT-Netze bilden eine spezielle Klasse von Petri-Netzen. Formal ist ein PT-Netz durch ein Tupel PN = (S,T,A,M0) gegeben, mit $A \subseteq (T \times S) \cup (S \times T)$ der Menge von Pfeilen (Flußrelation), $M0 : S \rightarrow \mathbb{N}$, sowie den partiellen Funktionen $K : S \rightarrow \mathbb{N}$ und $G : A \rightarrow \mathbb{N}$ ($\mathbb{N}$ Menge der natürlichen Zahlen einschließlich 0). Für das Beispiel, Abb. 14.1, gilt: Alle Kapazitäten sind unbegrenzt; alle Kantengewichte sind 1.

PT-Netze sind also gerichtete Graphen, deren Knoten von zweierlei Art sind und in denen es keine Kante zwischen Knoten derselben Art gibt (bipartite Graphen).

Abb. 14.1 Petri-Netz

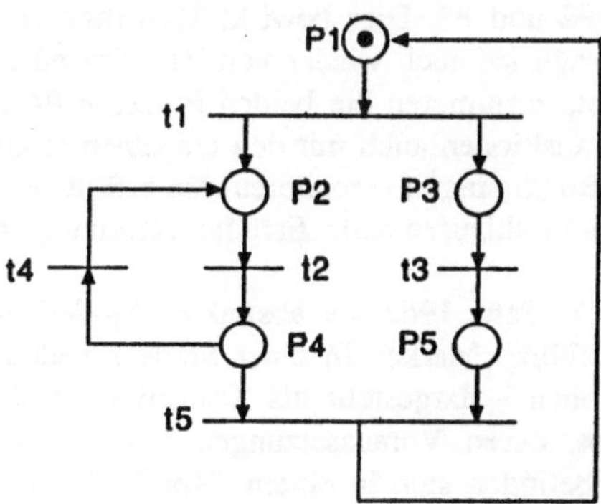

In einem PT-Netz ist unter der Markierung M eine Transition t aktiviert, wenn

(1) für jede Stelle s, von der ein Pfeil zu t führt (man sagt dazu: s liegt im Vorbereich von t oder t liegt im Nachbereich von s), gilt:
Das Gewicht des Pfeiles von s nach t ist nicht größer als die Anzahl der Marken in s, also $G(s,t) \leq M(s)$;

(2) für jede Stelle s, zu der ein Pfeil von t führt gilt:
Die Anzahl der Marken in s plus das Gewicht des Pfeiles von t nach s ist nicht größer als die Kapazität von s; also $M(s) + G(t,s) \leq K(s)$, d.h. s kann noch entsprechend viele Marken aufnehmen.

In Beispiel 14.1 ist nur Transition t1 aktiviert. Aktivierte Transitionen können schalten (feuern). Wenn Transition t schaltet, vermindert sich die Markenzahl einer Stelle s im Vorbereich von t um so viele Marken, wie das Gewicht des Pfeiles von s nach t angibt, und die Zahl der Marken einer Stelle s im Nachbereich von t erhöht sich um so viele Marken, wie das Gewicht des Pfeils von t nach s angibt. Transitionen spielen also in Netzen eine aktive, Stellen eine passive Rolle. Das Feuern einer Transition eines Petri-Netzes sei fehleratomar, d.h. u.a. der Vorgang ist nicht unterbrechbar und wird im Fehlerfall wiederholt. Wir setzen also voraus, daß eine aktivierte Transition irgendwann einmal feuert, es sei denn sie steht in einem Konflikt (s.u.).

Bei der in Abb. 14.1 angegebenen Ausgangsmarkierung sind z.B. die beiden Schaltvorgänge aus Abb. 14.2 möglich. Die Transitionen t4 und t5 sind nun aktiviert; aber nur eine von ihnen kann schalten. Es bleibt unbestimmt welche. Über Schaltgeschwindigkeiten wird mit Absicht keine Aussage gemacht. Wir werden nämlich Transitionen mit Prozeßaktionen in Verbindung bringen, über deren relative Ablaufgeschwindigkeit wir ja nichts sagen können. Wir können z.B. das Petri-Netz der Abb. 14.1 als Modell eines Prozeß-Systems ansehen. Prozeß P1 erzeugt zyklisch zwei concurrente Sohnprozesse P2 und P3. Dies bewirkt Transition t1. Prozeß P2 übergibt die Kontrolle an P4 und erhält sie auch wieder von P4. Prozeß P3 gibt die Kontrolle an P5 ab. Wenn t5 schaltet, terminieren die beiden Prozesse P4 und P5 und P1 wird wieder aktiv. Man kann Transitionen auch mit den einzelnen atomaren Aktionen eines Prozesses und Stellen mit Bedingungen assoziieren, die erfüllt sein müssen, wenn eine Aktion (in deren Nachbereich) ablaufen soll. Erfüllte Bedingungen erhalten Marken.

Diese Netze wurden von A. Petri 1962 als abstraktes Modell zur Darstellung concurrenter Aktivitäten eingeführt. Marken in einer Stelle s bedeuten, wie gesagt, daß Voraussetzungen für Aktionen - dargestellt als Transition im Nachbereich von s - erfüllt sind. Alle Aktionen, deren Voraussetzungen erfüllt sind, können concurrent ablaufen, es sei denn, sie befinden sich in einem "Konflikt". Dies ist der Fall, wenn die entsprechenden Transitionen aktiviert sind und durch das Schalten einer dieser Transitionen die anderen wieder deaktiviert werden (vgl. in Abb. 14.2 die Transitionen t4 und t5). Marken sind unteilbar. Welche dieser Transitionen wirklich schaltet, ist nicht festgelegt. Wichtig ist, daß von zwei in einem Konflikt stehenden Transitionen nur eine schalten kann. Generell wird durch eine Markierung nur festgelegt, welche Aktivitäten stattfinden können, nicht aber wann sie stattfinden.

Das Problem des gegenseitigen Ausschlusses zweier Prozesse unter Verwendung eines binären Semaphors kann mit Petri-Netzen als ein Konflikt wie in Abb. 14.3 modelliert werden.

Abb. 14.2a Petri-Netz

Transition t1 schaltet:

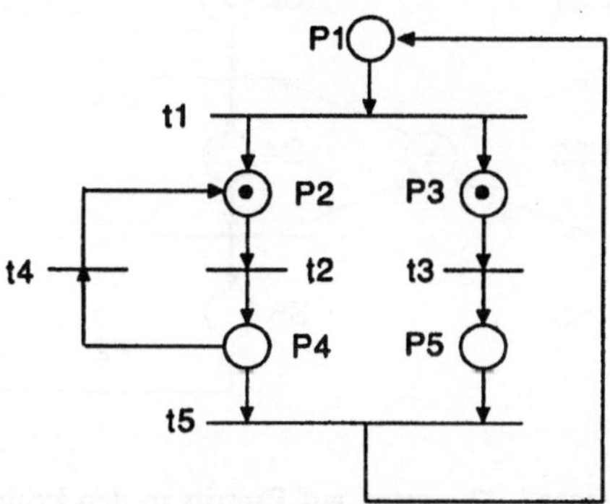

Nun sind die beiden Transitionen t2 und t3 aktiviert und können nebenläufig schalten.

Abb. 14.2b Petri-Netz

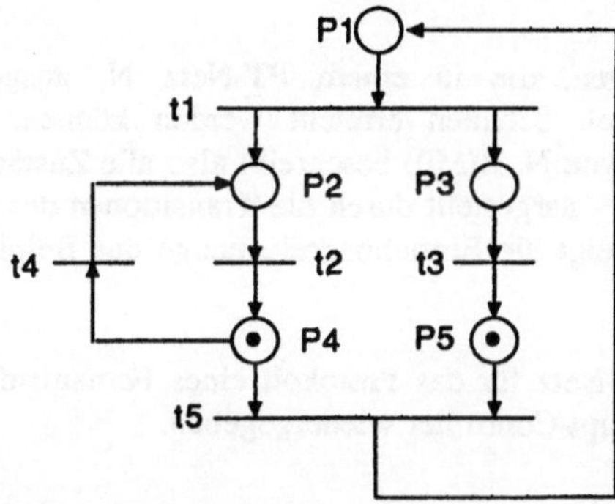

Markiert man die Stellen s1, s2 und s mit je einer Marke, dann läßt sich dieses PT-Netz wie folgt interpretieren.

Abb. 14.3 Semaphor

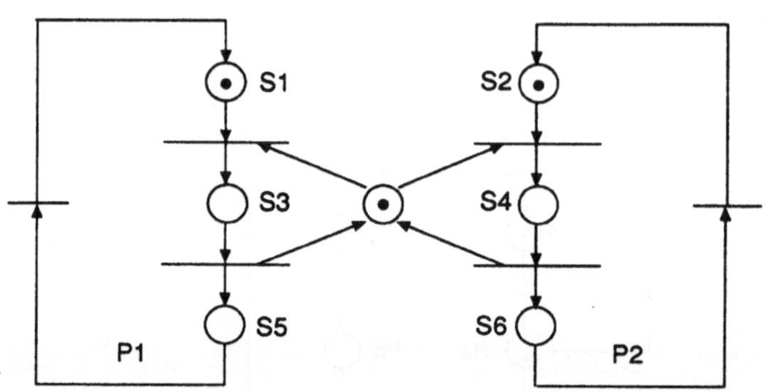

s1, s2: Prozeß P1 bzw. Prozeß P2 warten auf Eintritt in den kritischen Abschnitt,

s3, s4: Kritische Abschnitte für Prozeß P1 bzw. P2,

s5, s6: nichtkritische Abschnitte für Prozeß P1 bzw. P2,

s: binäres Semaphor.

Schaltet Transition t1, dann betritt Prozeß P1 seinen kritischen Abschnitt und nimmt die Marke in s mit. Dadurch wird t2 gesperrt, bis P1 den kritischen Abschnitt wieder verläßt; t1 bzw. t2 modellieren den Aufruf der P-Operation auf Semaphor s; t3 bzw. t4 den der V-Operation.

Die Menge der Markierungen, die in einem PT-Netz N, ausgehend von der Anfangsmarkierung M0, durch Schalten erreicht werden können, nennt man die Erreichbarkeitsmenge R(M0) von N. R(M0) beschreibt also alle Zustände, die das System nebenläufiger Aktivitäten - dargestellt durch die Transitionen des Netzes - einnehmen kann. Abbildung 14.4 zeigt die Erreichbarkeitsmenge des Beipiels 14.1 mit den möglichen Übergängen.

In Abbildung 14.5 ist ein PT-Netz für das Protokoll eines Fernaufruf-Sendens und in Abb. 14.6 das für einen Interrupt-Controller wiedergegeben.

Abb. 14.4 Erreichbarkeitsgraph

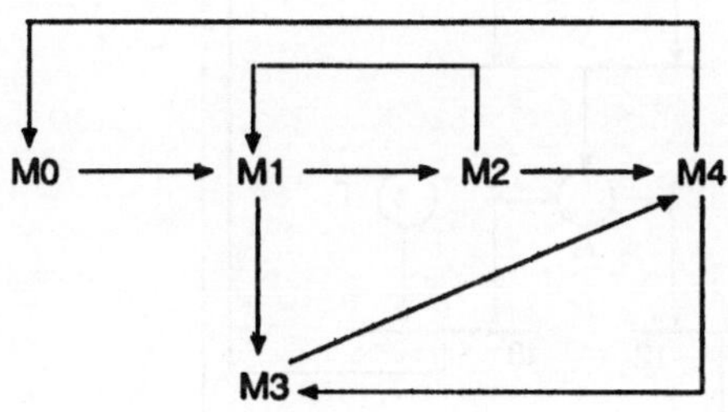

M0 = (1,0,0,0,0), P1 aktiv
M1 = (0,1,1,0,0 , P2 und P3 aktiv
M2 = (0,0,1,1,0), P4 und P3 aktiv
M3 = (0,1,0,0,1), P2 und P5 aktiv
M4 = (0,0,0,1,1), P4 und P5 aktiv

Abb. 14.5

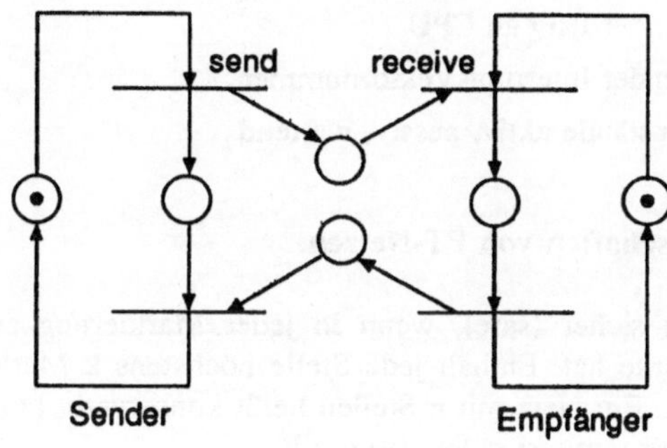

Abb. 14.6 Vereinfachtes Protokoll für einen Interrupt-Controller

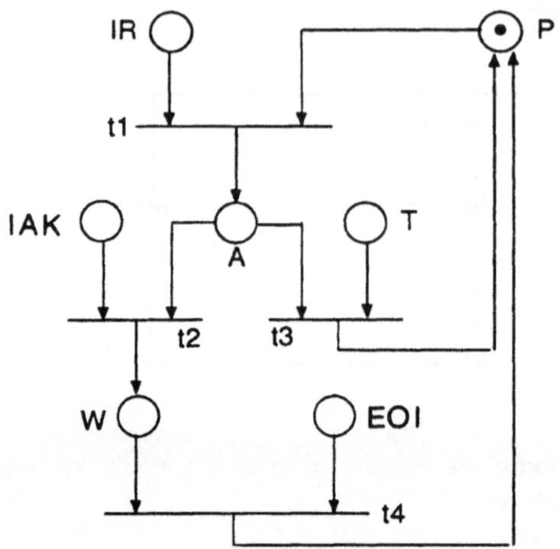

IR: Interruptanforderung des Geräts (sobald eine Marke erscheint)

IAK: Anforderung wird von CPU akzeptiert

T: Time-Out von Timer

EOI: EOI-Bestätigung durch CPU

t1: Controller sendet IRQ an CPU

t2: Controller sendet Interrupt-Vektornummer

A,P,W: Controller-Zustände aktiv, passiv, wartend

14.3 Einige Eigenschaften von PT-Netzen

Ein PT-Netz heißt sicher (safe), wenn in jeder Markierung aus R(M0) jede Stelle höchstens eine Marke hat. Enthält jede Stelle höchstens k Marken, so nennt man das Netz k-beschränkt. Ein Netz mit n Stellen heißt konservativ bezüglich des Stellenvektors K = (k1,k2,...,kn), mit ki $\in$ IN, wenn gilt

$$\sum_{i=1}^{n} ki*mi = \text{constant.}$$

für alle Markierungen M = (m1,..,mn) aus R(M0).

Konservativität ist ein wichtiger Begriff, da er z.B. ausdrücken kann, daß Betriebsmittel nicht beliebig erzeugt oder vernichtet werden. Betrachten wir dazu eine PT-Netz-Version des Konsument-Produzent-Modells aus Kapitel 13.3; Abb. 14.7. Die Mailbox S5 habe 3 Plätze für Botschaften. Das Netz ist konservativ hinsichlich K = (0,0,0,1,1,0,0,), d.h. die Anzahl der Betriebsmittel "Pufferplatz" bleibt konstant. Es gilt nämlich für alle erreichbaren Markierungen: m4 + m5 = 3 .

Man nennt die Menge I_K derjenigen Stellen sj des Netzes, das bezüglich K konservativ ist, für die kj > 0 gilt, eine Stelleninvariante (kurz S-Invariante) des Netzes; also

$I_K = \{sj \mid kj > 0, kj \text{ aus } K\}$

Oftmals will man, daß - wie im letzten Beispiel - immer wenigstens eine Transition des Netzes schalten kann, um z.B. zu verhindern, daß ein System von Prozessen blockiert. Für PT-Netze bedeutet dies, daß - ausgehend von der Anfangsmarkierung - nur Markierungen erreicht werden, bei denen wenigstens eine Transition des Netzes aktiviert ist. Ein Netz, bei dem keine Transition auf Dauer blockiert ist, heißt lebendig.

Ein PT-Netz heißt also lebendig, wenn bei jeder von der Anfangsmarkierung erreichbaren Markierung jede Transition potentiell aktivierbar ist. Transiton t ist bei Markierung M potentiell aktivierbar, wenn von M aus eine Markierung M' erreichbar ist, in der t aktiviert ist. In einem solchen Netz ist nicht nur die Gefahr der Verklemmung ausgeschlossen, sondern es wird auch keine Transition mit der Zeit überflüssig.

Beispiel: Leser-Schreiber-Modell [Rei].

Wir wollen uns nun ein etwas komplizierteres Protokoll näher ansehen. In diesem

Abb. 14.7 Konsument-Produzent-Modell

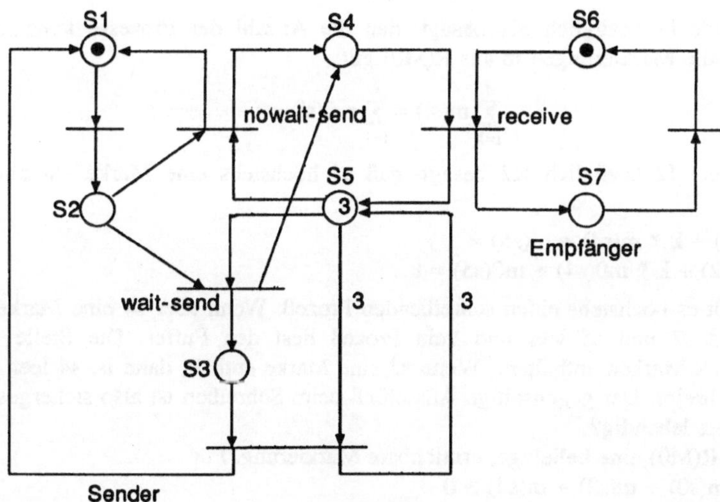

Protokoll dürfen bis zu k Prozesse eines Prozeß-Systems lesend auf einen Speicherbereich zugreifen, aber jeweils nur ein Prozeß darf in diesen Bereich schreiben. Dann darf kein Prozeß lesen. Insgesamt gibt es n Prozesse. Das Protokoll ist in Abb. 14.8 als PT-Netz wiedergegeben. Tabelle 14.1 zeigt zwei Stellenvektoren, bezüglich derer das Netz konservativ ist (S-Invarianten).

Stellen: Anzahl der Marken bedeutet in

s0: Anzahl der nichtschreibenden und nichtlesenden Prozesse (anfangs gleich n),

s1: Anzahl der lesebereiten Prozesse,

s2: Anzahl der lesenden Prozesse,

s3: Anzahl der schreibbereiten Prozesse,

s4: Anzahl der schreibenden Prozesse,

s5: Synchronisationsstelle.

-	K1	K2
s0	1	0
s1	1	0
s2	1	1
s3	1	0
s4	1	k
s5	0	1

Tab. 14.1

S-Invariante I1 bezüglich K1 besagt, daß die Anzahl der Prozesse konstant bleibt, denn für alle Markierungen m aus R(M0) gilt:

$$\sum_{i=1}^{4} m(si) = \sum_{i=1}^{4} m0(si) = n.$$

S-Invariante I2 bezüglich K2 besagt, daß s4 höchstens eine Marke enthalten kann, denn

$$m(s2) + k * m(s4) + m(s5) =$$
$$m0(s2) + k * m0(s4) + m0(s5) = k.$$

Somit gibt es höchstens einen schreibenden Prozeß. Wenn aber s4 eine Marke enthält, dann sind s2 und s5 leer und kein Prozeß liest den Puffer. Die Stelle s2 kann höchstens k Marken enthalten. Wenn s2 eine Marke enthält, dann ist s4 leer und kein Prozeß schreibt. Der gegenseitige Ausschluß beim Schreiben ist also sichergestellt. Ist dieses Netz lebendig?

Sei M ∈ R(M0) eine beliebige, erreichbare Markierung. Für

$$l = m(s0) + m(s2) + m(s4) > 0$$

Abb. 14.8

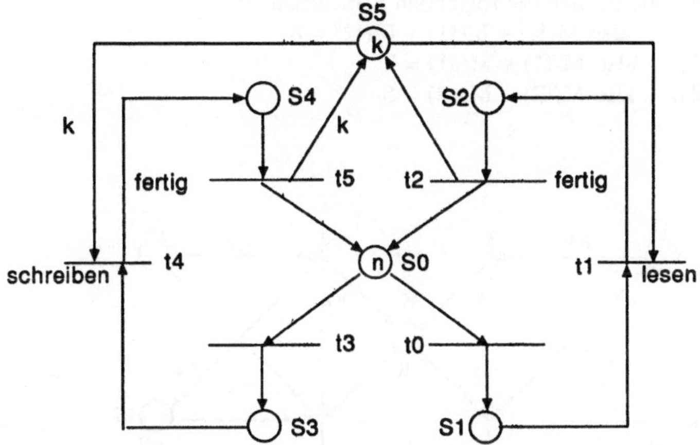

kann wenigstens eine der Transitionen t0, t3, t2 oder t5 schalten. Ist dagegen $l = 0$, so folgt

- wegen der S-Invarianten I1: m(s1) + m(s3) = n,
- wegen der S-Invarianten I2: m(s5) = k.

Also ist t1 oder t4 aktiviert. Das Netz blockiert also nicht. Das Netz ist zudem lebendig, z.B. könnten t3 und t0 nur dann auf Dauer blockiert sein, wenn s0 auf Dauer leer ist. Dies kann aber nicht eintreten, da s0 durch das Schalten der übrigen Transitionen immer wieder gefüllt wird.

Aus den beiden Invarianten erkennt man auch sofort, daß dieses PT-Netz k-beschränkt ist, d.h. keine Stelle des Netzes kann mit Marken überlaufen. Auf ähnliche Weise lassen sich PT-Netze z.B. auch dahingehend untersuchen, ob Life-Locks möglich sind.

Wir wollen uns noch ein zweites Beispiel für die Betriebsmittelvergabe näher ansehen, nämlich ein PT-Netzmodell des Bankiers-Problems, auf das der Erkennungsalgorithmus für Verklemmungen zurückgeht [JeV]; siehe dazu auch Kap. 12.1.

Ein Bankier will einen festen Geldbetrag, der der Anzahl von Marken M0(K) in Stelle K entspricht, unter n Kunden verteilen. Der Kreditrahmen für Kunde i ist M0(ai). Ein Kunde leiht Geld in Einheiten und zahlt den Kredit, einige Zeit nachdem er seinen Kreditrahmen ausgeschöpft hat, zurück. Manchmal muß er warten, bis er den nächsten Geldbetrag erhält. Der Bankier garantiert ihm aber, daß er das Geld nach einer gewissen Zeit bekommt. Deshalb muß der Bankier darauf achten, daß er bei der Geldvergabe nicht in eine Verklemmung gerät. Abb. 14.9 zeigt das PT-Netzmodell mit zwei Kunden. Es sei M0(K)=k=8, M0(a1)=k1=7, M0(a2)=k2=5.

Für dieses Modell erhält man die folgenden S-Invarianten:

I1 = {K,f1,f2}; also M(K) + M(f1) + M(f2) = 8
I2 = {f1,a1}; also M(f1) + M(a1) = 7
I3 = {f2,a2}; also M(f2) + M(a2) = 5

Abb. 14.9

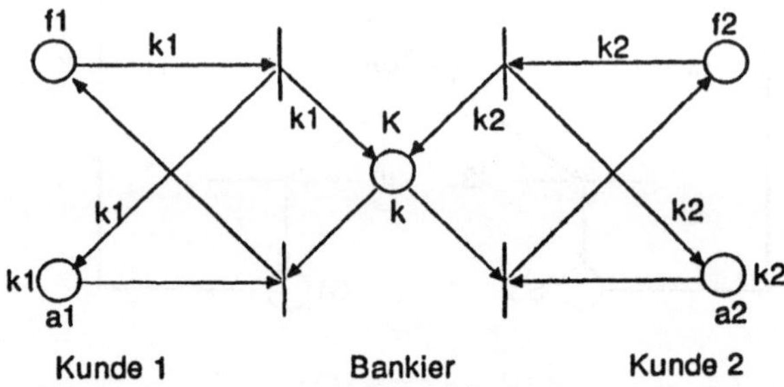

Die Kenntnis von M(a1) und M(a2) reicht also aus, um alle erreichbaren Markierungen zu beschreiben. Abb. 14.10 zeigt die Erreichbarkeitsmenge. Sie enthält 3 Verklemmungszustände. Die Anfangsmarkierung ist der Punkt (7,5). Die weißen Kreise bezeichnen (sichere) Zustände, von denen aus es wenigstens einen Weg gibt, so daß die Wünsche aller Kunden erfüllt werden können. Man beachte, daß keine Teilbeträge zurückgezahlt werden. Die anderen (schwarzen) Kreise bezeichnen nicht-sichere Zustände oder Verklemmungszustände.

Petri-Netze können nicht nur für die analytische sondern auch für die simulative Untersuchung von Prozeß-Systemen herangezogen werden. Standard-Petri-Netze kennen aber das Konzept einer Zeit nicht. Deshalb ist mit Petri-Netzen die zeitliche Entwicklung eines Prozeß-Systems quantitativ nicht beschreibbar. Nun spielt aber die Zeit in der Systemprogrammierung eine wichtige Rolle. Es sind deshalb eine Reihe von Erweiterungen für Petri-Netze vorgeschlagen worden, die den Zeitbegriff einschließen. Mit Hilfe dieser Netze lassen sich Prozeß-Systeme detailiert modellieren und untersuchen. Die Netze werden jedoch schnell so groß, daß sie nicht mehr ohne automatisierte Unterstützung untersucht werden können. Es sind deshalb auch verschiedene Software-Pakete für die Handhabung von Petri-Netzen entwickelt worden.

Abb. 14.10

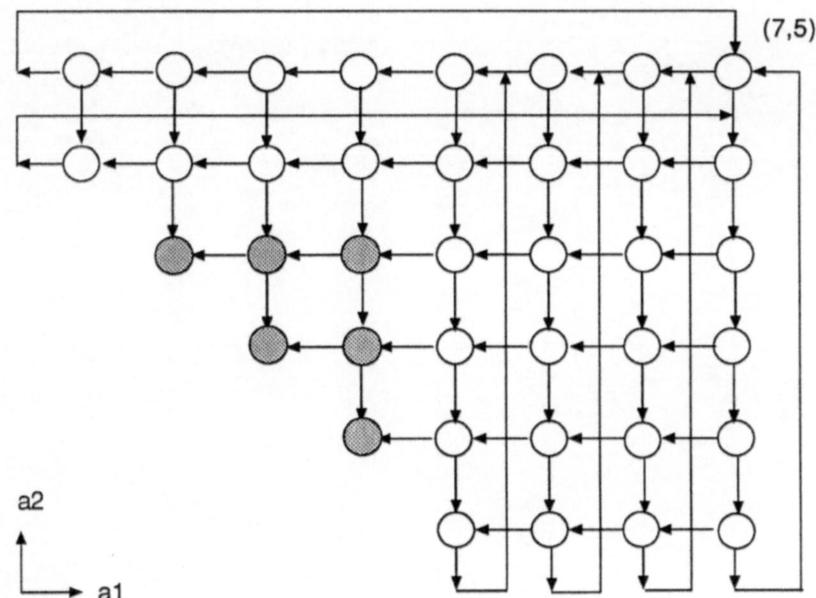

LITERATUR

[AnL] T. Anderson, P.A. Lee; Fault Tolerance: Principle and Practice, Prentice Hall, 1981

[Bab] R. Baber; The Spine of Software, J. Wiley, 1987

[BeR] J. Beer, R. Rojas; Coroutinen in C und Pascal, mc Nr. 7, S. 51, 1987

[Com] D. Comer, K. Rodemann; ConcurrenC: a Concurrent Version of the C Programming Language for UNIX, Computer Science Dept., Purdue University, USA, 1985

[Dij] E.W. Dijkstra; Cooperating Sequential Processes, in Programming Languages, Academic Press, S. 43, 1985

[DLR] M. Dal Cin, J. Lutz, Th. Risse; Programmierung in Modula-2, Verlag B.G. Teubner (3. Auflage), 1988

[Fin] P. Fink; Zur Einbettung von Modula-2 auf einem Arbeitsplatzrechner, Informatik Forsch. Entw. 1, S. 62, 1986

[GeR] N.H. Gehani, W.O. Roome; Concurrent C, Software: Practice and Experience, Vol. 16(9), S. 821, 1986

[Han] P. Brinch Hansen; Operating System Principles, Prentice Hall, 1973

[Hem] D. Hemmendinger; Unfair Process Scheduling in Modula-2, Sigplan 23(3), S. 7, 1988

[Hoa] C.A.R. Hoare; Monitors: An operating system structuring concept, Com. ACM 17, S. 549, 1974

[HöM] R. Hörmanseder, J. Mühlbacher: Modula-2 auf DOS, Hanser Verlag, 1987

[Hop] J. Hoppe; A simple nucleus written in Modula-2, Software: Practice a. Experience, Vol. 10(9), S. 697, 1980

[JeV] J. Jessen, R. Valk; Rechensysteme, Springer Verlag, 1987

[KeR] B.W. Kernighan, D.M. Ritchie; The C Programming Language, Prentice Hall, 1977

[Kir] H. Kirrmann; Events and interrupts in tightly coupled multiprocessors, IEEE Micro, Vol. 6, S. 53, 1985

[Löh] R. Löhr; Assemblerpraxis auf ATARI ST, tewi, 1986

[MaT] D. May, R. Taylor; Occam - An overview, Microprocessors and Microsystems, Vol. 8(2), 1984

[Neh] J. Nehmer; Softwaretechnik für verteilte Systeme, Springer Verlag, 1985

[Nie] Ch. Nieber; ATARI ST Programmieren in Maschinensprache, Sybex, 1987

[Nor] P. Norton; Inside the IBM-PC, Prentice Hall, 1985

[Par] D.L. Parnas; On the criteria to be used in decomposing systems into modules, Com. ACM 15, 1972

[RäT] T. Räuchle, S.Toueng; Exposure to deadlock for communicating processes is hard to detect, Inf. Proc. Letters 21, S. 63, 1985

[Rei] W. Reisig; Petrinetze, Springer Verlag, 1982

[Str] J.B. Stroustrup; The C++ Programming Language, Addison Wesley, 1984

[Wie] R.S. Wiener; Interfacing assembly language.to Modula-2, J. Pascal, Ada, a. Modula-2, Vol 5, S. 21, 1986

[Wir85] N. Wirth; Programming in Modula-2, Springer Verlag (3. Auflage), 1985

[Wir87] N. Wirth; From Modula to Oberon, Software: Practice and Experience, Vol. 18(7), S. 661, 1988

ANHANG

A1: BEISPIELPROGRAMME

(A) MODUL Conditions

```
DEFINITION MODULE Conditions;

TYPE tCondition;
(* Typ einer Bedingungvariablen     *)
PROCEDURE enterMonitor;
(* Versuch den Monitor zu betreten *)
PROCEDURE exitMonitor;
(* Verlassen des Monitors           *)
PROCEDURE initCondition(VAR c:tCondition);
(* Initialisieren der Bedingungsvariablen *)
PROCEDURE signalCondition(VAR c:tCondition);
(* Signalisieren der Bedingung      *)
PROCEDURE waitCondition(VAR c:tCondition);
(* Auf Bedingung warten             *)
PROCEDURE DoExec(P:PROC);
(* Für interruptgetriebene Coroutinen *)
END Conditions.

IMPLEMENTATION MODULE Conditions[6];
FROM ProcessSys IMPORT SIGNAL,SEND,WAIT,Init;
                IMPORT Storage;
                IMPORT SYSTEM;
TYPE tCondition = POINTER TO Cond ;
          Cond = RECORD
                   taken :BOOLEAN;
                   free : SIGNAL
                 END;
VAR mutex : tCondition;

PROCEDURE enterMonitor;
BEGIN
 DOWN(mutex);
END enterMonitor;

PROCEDURE exitMonitor;
BEGIN
 UP(mutex)
END exitMonitor;

PROCEDURE initCondition(VAR c:tCondition);
BEGIN
 Storage.ALLOCATE(c,SYSTEM.TSIZE(Cond));
 WITH c^ DO
  taken := TRUE;
  Init(free)
 END
END initCondition;
```

```
PROCEDURE signalCondition(VAR c:tCondition);
BEGIN
 UP(c)
END signalCondition;

PROCEDURE waitCondition(VAR c:tCondition);
BEGIN
 UP(mutex);DOWN(c);DOWN(mutex)
END waitCondition;

PROCEDURE DoExec(P:PROC);
BEGIN
 WITH mutex^ DO
 IF NOT(taken) THEN  P END;
END
END DoExec;

PROCEDURE DOWN(VAR c:tCondition);
BEGIN
 WITH c^ DO
  IF taken THEN WAIT(free) END;
  taken := TRUE;
 END
END DOWN;

PROCEDURE UP(VAR c:tCondition);
BEGIN
 WITH c^ DO
  taken := FALSE;
  SEND(free)
 END;
END UP;

BEGIN
 Storage.ALLOCATE(mutex,SYSTEM.TSIZE(Cond));
 WITH mutex^ DO
    taken := FALSE;
    Init(free)
 END
END Conditions.
```

(B) MODUL ProzessSys

```
DEFINITION MODULE ProcessSys;

 TYPE SIGNAL;    (* ADT für Signale *)

 PROCEDURE startProcess(p:PROC;wrkspcsize:CARDINAL);
  (* erzeugt und startet einen Prozess mit Coroutine p
   * und einem Arbeits-Speicher der Größe wrkspcsize *)
 PROCEDURE SEND(VAR s:SIGNAL);
  (* der erste auf s wartende Prozeß wird wieder bereit *)
 PROCEDURE WAIT(VAR s:SIGNAL);
  (* warten, bis Signal s gesendet wird *)
 PROCEDURE Awaited(s:SIGNAL):BOOLEAN;
  (* TRUE : mindestens ein Prozeß wartet auf s *)
 PROCEDURE Init(VAR s:SIGNAL);
  (* Initialisierung von s *)
 PROCEDURE Start;
  (* Systemstart *)

END ProcessSys.


IMPLEMENTATION MODULE ProcessSys[6];
(* Prozeß-Verwaltung *)
FROM SYSTEM  IMPORT ADDRESS,TSIZE,ADR,NEWPROCESS,
                    TRANSFER,LISTEN;
FROM Storage IMPORT ALLOCATE;

TYPE Coroutine    = ADDRESS;
     SIGNAL       = POINTER TO PrcDescript;
     PrcDescript  = RECORD
                       next : SIGNAL;
                              (* Prozeß-Liste *)
                       queue: SIGNAL;
                              (* Blockiert-Schlange *)
                       cor  : Coroutine;
                       ready: BOOLEAN
                    END;
VAR cp    : SIGNAL; (* der laufende Prozeß *)
    cpOld : SIGNAL;

PROCEDURE startProcess(p:PROC;wrkspcsize:CARDINAL);
 VAR wrkspc:ADDRESS;
 BEGIN
    cpOld:=cp;ALLOCATE(wrkspc,wrkspcsize);
    ALLOCATE(cp,TSIZE(PrcDescript));
    WITH cp^ DO
       next:=cpOld^.next;cpOld^.next:=cp;
       ready:=TRUE;queue:=NIL
    END;
```

```
    NEWPROCESS(p,wrkspc,wrkspcsize,cp^.cor);
    TRANSFER(cpOld^.cor,cp^.cor)
 END startProcess;

PROCEDURE SEND(VAR s:SIGNAL);
 VAR p : SIGNAL;              (* Ein auf das Signal s wartender
                                 Prozeß wird bereit           *)
 BEGIN
 IF Awaited(s) THEN
    p:=s;
    WITH p^ DO
     s:=queue;ready:=TRUE;queue:=NIL
    END;
 END
 END SEND;

PROCEDURE switchProcess;
 BEGIN
    cpOld:=cp;
    REPEAT cp:=cp^.next
    UNTIL (cp^.ready);
    TRANSFER(cpOld^.cor,cp^.cor)
 END switchProcess;

PROCEDURE WAIT(VAR s:SIGNAL); (* fügt cp am Ende der Schlange
                                 von s ein *)
 VAR first,second:SIGNAL;
 BEGIN
    IF NOT Awaited(s) THEN s:=cp
       ELSE (* suche Ende der Schlange *)
          first:=s;second:=first^.queue;
          WHILE second#NIL DO
             first:=second;second:=first^.queue
          END;
          first^.queue:=cp;       (* hängt cp an s an *)
    END; (* IF NOT Awaited *)
    cp^.ready:=FALSE;switchProcess
 END WAIT;

PROCEDURE Awaited(s:SIGNAL):BOOLEAN;
 BEGIN
    RETURN s#NIL
 END Awaited;

PROCEDURE Init(VAR s:SIGNAL);
 BEGIN
    s:=NIL
 END Init;

PROCEDURE Start;
BEGIN
 switchProcess
```

```
END Start;

PROCEDURE Idler;              (* Beschäftigt die CPU        *)
BEGIN
 switchProcess;               (* Nach Initialisierung zurück
                                           zum Hauptprogramm *)
 LOOP
 switchProcess;LISTEN
 END
END Idler;

BEGIN                         (* Initialisiere Proceß- Liste *)
 ALLOCATE(cp,TSIZE(PrcDescript));
 WITH cp^ DO
    next:=cp;ready:=TRUE;queue:=NIL
 END;
    (* im folgenden startProcess wird der Komponente cor
       dieses Verbundes die Adresse des Prozesses zugewiesen,
       der das Hauptprogramm repräsentiert. Gegebenenfalls
       kann dann dieser Prozeß, nachdem er alle anderen
       Prozesse gestartet hat, durch WAIT blockiert werden.
       Ist der Hauptprozeß neben dem Idler der einzige
       Prozeß, so muß mit Start gestartet werden. *)
 startProcess(Idler,524)
END ProcessSys.
```

(C) MODUL TIQUEUE

```
DEFINITION MODULE TIQUEUE;
FROM SYSTEM IMPORT ADDRESS;
TYPE tQueue;
(* ADT für Warteschlangen *)
PROCEDURE createQueue(VAR queue:tQueue);
(* Erzeugt eine Warteschlange *)
PROCEDURE enqueue(VAR queue:tQueue;element:ADDRESS);
(* Fügt element ans Ende der Warteschlange *)
PROCEDURE dequeue(VAR queue:tQueue;element:ADDESS);
(* Entfernt erstes Element aus Warteschlange *)
PROCEDURE emptyQueue(queue:tQueue):BOOLEAN;

END TIQUEUE.


IMPLEMENTATION MODULE TIQUEUE[6];
FROM SYSTEM  IMPORT ADDRESS,TSIZE;
FROM Storage IMPORT ALLOCATE,DEALLOCATE;

TYPE tQueue = POINTER TO Element;
```

```
     Element = RECORD
                 next : tQueue;
                 element : ADDRESS
                END;

PROCEDURE createQueue(VAR queue:tQueue);
BEGIN
  queue := NIL
END createQueue;

PROCEDURE enqueue(VAR queue:tQueue;element:ADDRESS);
BEGIN
  IF emptyQueue(queue) THEN
     ALLOCATE(queue,TSIZE(Element));
     queue^.next := NIL;
     queue^.element := element
  ELSE
     enqueue(queue^.next)
  END
END enqueue;

PROCEDURE dequeue(VAR queue:tQueue;VAR element:ADDESS);
VAR q : tQueue;
BEGIN
 IF emptyQueue(queue) THEN HALT
 ELSE
  q := queue;
  element := queue^.element;
  queue := queue^.next;
  DEALLOCATE(q,TSIZE(Element));
 END
END dequeue;

PROCEDURE emptyQueue(queue:tQueue):BOOLEAN;
BEGIN
 RETURN (queue = NIL)
END emptyQueue;

END TIQUEUE.
```

(D) MODUL M2Clock

```
DEFINITION MODULE M2Clock;
(* Datum und Zeit: Uhr-Monitor
   Programmierung in Modula - 2, 3.Aufl.
   Author J. Lutz
*)
TYPE tDaTi = RECORD
                year:   CARDINAL;
                month:  [1..12];
                day:    [1..31];
                hour:   [0..23];
                minute: [0..59];
                second: [0..59];
             END;

PROCEDURE DateAndTime(VAR DaTi : tDaTi);
(*  Computerdatum und -Zeit  *)

END M2Clock.


IMPLEMENTATION MODULE M2Clock[7];
IMPORT GEMDOS;

PROCEDURE DateAndTime(VAR DaTi : tDaTi);
VAR Date,Time: CARDINAL;
BEGIN (* GetTime *)
  GEMDOS.GetDate(Date);
  (* Date codiert als:
     [((year-1900) * 16 + month) * 32 + day] *)
  WITH DaTi DO
    day    := Date MOD 32;
    Date   := Date DIV 32;
    month  := Date MOD 16;
    Date   := Date DIV 16;
    year   := Date + 1980;

    GEMDOS.GetTime(Time);
    (* Time codiert als:
       [((hour) * 32 + minute) * 64 + second] *)
    second := (Time MOD 32) * 2;
    Time   := Time DIV 32;
    minute := Time MOD 64;
    Time   := Time DIV 64;
    hour   := Time MOD 32;

  END (* with *);
END DateAndTime;

BEGIN (* M2Clock *)
END M2Clock.
```

A2: SYSTEM unter TOS

Modula2/ST für das Atari-Betriebssystem TOS kennt im Pseudo-Modul SYSTEM zusätzlich zu den in Abb. 4.6 erwähnten Namen noch die folgende Namen.

LONGWORD
Speichereinheit, 32 Bits

PROCESS
Typ der Coroutinen-Variablen (optional zu ADDRESS).

LISTEN
Erniedrigt die momentane Priorität des rufenden Prozesses und erlaubt, Interrupts mit niedrigerer Priorität abzuarbeiten.

SIZE(var):CARDINAL;
Gibt die Größe in Bytes der Variablen var zurück.

SYSRESET
Zur Initialisierung des Systems (RESET-Instruktion);

CODE(w:CARDINAL,...);
Erlaubt das Einfügen von Maschineninstruktionen (In-Line Code). Jeder Parameter w repräsentiert eine 16-Bit Maschineninstruktion.

REGISTER (regNam:CARDINAL):ADDRESS;
SETREG (regNam:CARDINAL;value:LONGWORD or WORD);
Auslesen und Beschicken der Register,
D0 = 0,...,D7 =7,A0 = 8,...,A7 = 15.

IOTRANSFER(VAR IntHandler,InterruptedCor:PROCESS;dev:ADDRESS);
Anmelden für eine Unterbrechungsbehandlung.

Erwähnt sei hier auch der MM2-Compiler (Megamax Modula-2) für den ATARI, vor allem wegen des integrierten Assemblers und der umfangreiche Bibliothek. Man kann innerhalb eines ASSEMBLER .. END Blocks ein Maschienenprogramm mit Motorola-Mnemonik in ein Modula-2-Programm einfügen und von dort auch Modula-2-Prozeduren aufrufen.

A3: SYSTEM unter MS-DOS

Der Logitech-Compiler unter dem Betriebssystem MS-DOS kennt in SYSTEM zusätzlich zu den in Abb. 4.6 aufgeführten Namen noch folgende Namen für Konstante, Typen und Prozeduren.

AX,BX,CX,DX,SI,DI,ES,DS,CS,SS,SP,BP
Diese Konstanten bezeichnen die Prozessorregister.

RTSVECTOR
Anzahl der Interrupt-Vektoren, die vom Modula-2 Laufzeitsystem verwendet werden.

PROCESS
Typ der Coroutinen-Variablen.

LISTEN
Erniedrigt die momentane Priorität des rufenden Prozesses und erlaubt, Interrupts mit niedrigerer Priorität abzuarbeiten.

SIZE(var):CARDINAL;
Gibt die Größe in Bytes der Variablen var zurück.

GETREG(reg:CARDINAL;VAR val: BYTE or WORD);
SETREG(reg:CARDINAL;val: BYTE or WORD);
Lesen und Beschreiben explizit genannter Register des Prozessors.

CODE(const1,const2,...);
Einfügen von Konstanten-Parameter als ausführbare Befehle (In-Line Code).

SWI(IntVecNr:CARDINAL);
Erzeugen eines Softwareinterrupts (trap).

ENABLE; DISABLE;
Ein- und Ausschalten von Interrupts;

IOTRANSFER(VAR IntHandl:PROCESS;
InterruptedCor:PROCESS;VecNr:CARDINAL);
Anmelden für eine Unterbrechungsbehandlung.

INBYTE(port:CARDINAL;VAR val:BYTE or WORD);
OUTBYTE(port:CARDINAL;val:BYTE or WORD);
INWORD(port:CARDINAL;VAR val:WORD);
OUTWORD(port:CARDINAL;val:WORD);
Arbeiten mit I/O-Ports.

DOSCALL(FunctionNr:CARDINAL);
Direkter Aufruf des Betriebssystems.

Unter M2SDS für MS-DOS exportiert das Pseudo-Modul SYSTEM zusätzlich die folgenden Namen:

RegAX,RegBX,RegCX,RegDX,RegSI,RegDI,RegES,RegDS,
Diese Konstanten bezeichnen die Prozessorregister.

SIZE(x:AnyType):CARDINAL;
Gibt die Anzahl der von x belegten Bytes zurück.

SWI(nr(in Hex):CARDINAL);
Erzeugen eines Softwareinterrupts (trap).

CODE(const1,const2,...);
Einfügen von Konstanten-Parameter als ausführbare Befehle (In-Line Code, in Hex).

SETIO(IntHandler;InterruptedCor:ADDRESS;va,slot:CARDINAL);
Initialisiert die Einrichtung von interruptgetriebenen Coroutinen.

A4: DIE SYNTAX VON Modula-2

```
1    ident = letter{letter|digit}.
2    number = integer|real.
3    integer = digit{digit}|octalDigit{octalDigit}("B"|"C")|
4       digit{hexDigit}"H".
5    real = digit{digit}"."{digit}[ScaleFactor].
6    ScaleFactor = "E"["+"|"-"]digit{digit}.
7    hexDigit = digit|"A"|"B"|"C"|"D"|"E"|"F".
8    digit = octalDigit|"8"|"9".
9    octalDigit = "0"|"1"|"2"|"3"|"4"|"5"|"6"|"7".
10   string = "'"{character}"'"|'"'{character}'"'.
11   qualident = ident{"."ident}.
12   ConstantDeclaration = ident"="ConstExpression.
13   ConstExpression = SimpleConstExpr[relation SimpleConstExpr].
14   relation = "="|"#"|"<>"|"<"|"<="|">"|">="|IN.
15   SimpleConstExpr = ["+"|"-"]ConstTerm{AddOperator ConstTerm}.
16   AddOperator = "+"|"-"|OR.
17   ConstTerm = ConstFactor{MulOperator ConstFactor}.
18   MulOperator = "*"|"/"|DIV|MOD|AND|"&".
19   ConstFactor = qualident|number|string|ConstSet|
20      "("ConstExpression")"|NOT ConstFactor.
21A  ConstSet = [qualident]"{"[ConstElement{","ConstElement}]"}".
21B  set = [qualident]"{"|element{"," element}|"}".
22A  ConstElement = ConstExpression[".."ConstExpression].
22B  element = expression[".."expression].
23   TypeDeclaration = ident"="type.
24   type = SimpleType|ArrayType|RecordType|SetType|
25      PointerType|ProcedureType.
26   SimpleType = qualident|enumeration|SubrangeType.
27   enumeration = "("IdentList")".
28   IdentList = ident{",'ident}.
29   SubrangeType = [ident]"["ConstExpression".."ConstExpression"]".
```

```
ArrayType = ARRAY SimpleType{","SimpleType} OF type.
RecordType = RECORD FieldListSequence END.
FieldListSequence = FieldList{";"FieldList}.
FieldList = [IdentList":"type|
   CASE[ident]":"qualident OF variant {"|" variant}
   [ELSE FieldListSequence] END].
variant = [CaseLabelList":"FieldListSequence].
CaseLabelList = CaseLabels{","CaseLabels}.
CaseLabels = ConstExpression[".."ConstExpression].
SetType = SET OF SimpleType.
PointerType = POINTER TO type.
ProcedureType = PROCEDUR[FormalTypeList].
FormalTypeList = "("[[VAR]FormalType
   {","[VAR]FormalType}]")"[":"qualident].
VariableDeclaration = IdentList":"type.
designator = qualident{"."ident|"["ExpList"]"|"  ↑ "}.
ExpList = expression{","expression}.
expression = SimpleExpression[relation SimpleExpression].
SimpleExpression = ["+"|"-"] term {AddOperator term}.
term = factor {MulOperator factor}.
factor = number|string|set|designator[ActualParameters]|
   "("expression")"|NOT factor.
ActualParameters = "("[ExpList]")".
statement = [assignment|ProcedureCall|
   IfStatement|CaseStatement|WhileStatement|
   RepeatStatement|LoopStatement|ForStatement|
   WithStatement|EXIT|RETURN[expression]].
assignment = designator ":=" expression.
ProcedureCall = designator[ActualParameters].
StatementSequence = statement{";"statement}.
IfStatement = IF expression THEN StatementSequence
   {ELSIF expression THEN StatementSequence}
   [ELSE StatementSequence] END.
```

```
CaseStatement = CASE expression OF case {"|" case}
   [ELSE StatementSequence] END.
case = [CaseLabelList ":" StatementSequence].
WhileStatement - WHILE expression DO StatementSequence END.
RepeatStatement = REPEAT StatementSequence UNTIL expression.
ForStatement = FOR ident":="expression TO expression
   [BY ConstExpression] DO StatementSequence END.
LoopStatement = LOOP StatementSequence END.
WithStatement = WITH designator DO StatementSequence END.
ProcedureDeclaration = ProcedureHeading";"block ident.
ProcedureHeading = PROCEDURE ident[FormalParameters].
block = {declaration}[BEGIN StatementSequence] END.
declaration = CONST{ConstantDeclaration";"}|
   TYPE{TypeDeclaration";"}|
   VAR{VariableDeclaration";"}|
   ProcedureDeclaration";"|ModuleDeclaration";".
FormalParameters =
   "("[FPSection{";"FPSection}]")"[":"qualident].
FPSection = [VAR]IdentList":"FormalType.
FormalType = [ARRAY OF] qualident.
ModuleDeclaration =
   MODULE ident[priority]";"{import}[export]block ident.
priority = "["ConstExpression"]".
export = EXPORT[QUALIFIED]IdentList";".
import = [FROM ident] IMPORT IdentList";".
DefinitionModule = DEFINITION MODULE ident";"{import}
   {definition} END ident".".
defintion = CONST{ConstantDeclaration";"}|
   TYPE {ident["="type]";"}|
   VAR {VariableDeclaration";"}|
   ProcedureHeading";".
ProgramModule =
   MODULE ident[priority]";"{import}block  ident".".
```

96 CompilationUnit = DefinitionModule|

97 [IMPLEMENTATION]ProgramModule.

ActualParameters	58	*52	50					
AddOperator	48	*16	15					
ArrayType	*30	24						
assignment	*57	53						
block	95	84	*74	72				
case	*65	63						
CaseLabelList	65	*37	36					
CaseLabels	*38	37						
CaseStatement	*63	54						
character	10							
CompilationUnit	*96							
ConstantDeclaration	90	75	*12					
ConstElement	21A	*22A						
ConstExpression	85	69	38	29	22	20	*13	12
ConstFactor	20	*19	17					
ConstSet	19	*21A						
ConstTerm	*17	15						
declaration	*75	74						
definition	*90	89						
DefinitionModule	96	*88						
designator	71	58	57	50	*45			
digit	*8	7	6	5	4	3	1	
element	*22	21						
enumeration	*27	26						
ExpList	52	*46	45					
export	89	*86	84					
expression	68	67	66	63	61	60	57	56
	51	*47	46					
factor	51	*50	49					
FieldList	*33	32						
FieldListSequence	36	35	*32	31				
FormalParameters	*79	73						
FormalType	*82	81	43	42				
FormalTypeList	*42	41						
ForStatement	*68	55						
FPSection	*81	80						
hexDigit	*7	4						
ident	95	91	89	88	87	84	73	72

	68	45	34	28	23	12	11	*1	
IdentList	87	86	81	44	33	*28	27		
IfStatement	*60	54							
import	95	88	*87	84					
integer	*3	2							
letter	*1								
LoopStatement	*70	55							
ModuleDeclaration	*83	78							
MulOperator	49	*18	17						
number	50	19	*2						
octalDigit	*9	8	3						
PointerType	*40	25							
priority	95	*85	84						
ProcedureCall	*58	53							
ProcedureDeclaration	78	*72							
ProcedureHeading	93	*73	72						
ProcedureType	*41	25							
ProgramModule	97	*94							
qualident	82	80	45	43	34	26	21	19	*11
real	*5	2							
RecordType	*31	24							
relation	47	*14	13						
RepeatStatement	*67	55							
ScaleFactor	*6	5							
set	50	*21B							
SetType	*39	24							
SimpleConstExpr	*15	13							
SimpleExpression	*48	47							
SimpleType	39	30	*26	24					
statement	59	*53							
StatementSequence	74	71	70	69	67	66	65	64	
	62	61	*59						
string	50	19	*10						
SubrangType	*29	26							
term	*49	48							
type	91	44	40	33	30	*24	23		
TypeDeclaration	76	*23							
VariableDeclaration	92	77	*44						
variant	*36	34	34						
WhileStatement	*66	54							
WithStatement	*71	56							

A5: ASCII-Zeichen
(D: dezimal; O: oktal; H: hexadezimal; Z: Zeichen)

D	O	H	Z	D	O	H	Z	D	O	H	Z
0	000	00	nul	27	033	1B	esc	54	066	36	6
1	001	01	soh	28	034	1C	fs	55	067	37	7
2	002	02	stx	29	035	1D	gs	56	070	38	8
3	003	03	etx	30	036	1E	rs	57	071	39	9
4	004	04	eot	31	037	1F	us	58	072	3A	:
5	005	05	enq	32	040	20		59	073	3B	;
6	006	06	ack	33	041	21	!	60	074	3C	<
7	007	07	bel	34	042	22	"	61	075	3D	=
8	010	08	bs	35	043	23	#	62	076	3E	>
9	011	09	ht	36	044	24	$	63	077	3F	?
10	012	0A	lf	37	045	25	%	64	100	40	@
11	013	0B	vt	38	046	26	&	65	101	41	A
12	014	0C	ff	39	047	27	'	66	102	42	B
13	015	0D	cr	40	050	28	(	67	103	43	C
14	016	0E	so	41	051	29	)	68	104	44	D
15	017	0F	si	42	052	2A	*	69	105	45	E
16	020	10	dle	41	053	2B	+	70	106	46	F
17	021	11	dc1	44	054	2C	,	71	107	47	G
18	022	12	dc2	45	055	2D	-	72	110	48	H
19	023	13	dc3	46	056	2E	.	73	111	49	I
20	024	14	dc4	47	057	2F	/	74	112	4A	J
21	025	15	nak	48	060	30	0	75	113	4B	K
22	026	16	syn	49	061	31	1	76	114	4C	L
23	027	17	etb	50	062	32	2	77	115	4D	M
24	030	18	can	51	063	33	3	78	116	4E	N
25	031	19	em	52	064	34	4	79	117	4F	O
26	032	1A	sub	53	065	35	5	80	120	50	P

D	O	H	Z	D	O	H	Z	D	O	H	Z
81	121	51	Q	97	141	61	a	113	161	71	q
82	122	52	R	98	142	62	b	114	162	72	r
83	123	53	S	99	143	63	c	115	163	73	s
84	124	54	T	100	144	64	d	116	164	74	t
85	125	55	U	101	145	65	e	117	165	75	u
86	126	56	V	102	146	66	f	118	166	76	v
87	127	57	W	103	147	67	g	119	167	77	w
88	130	58	X	104	150	68	h	120	170	78	x
89	131	59	Y	105	151	69	i	121	171	79	y
90	132	5A	Z	106	152	6A	j	122	172	7A	z
91	133	5B	[	107	153	6B	k	123	173	7B	{
92	134	5C	\	108	154	6C	l	124	174	7C	|
93	135	5D	]	109	155	6D	m	125	175	7D	}
94	136	5E	^	110	156	6E	n	126	176	7E	~
95	137	5F	_	111	157	6F	o	127	177	7F	del
96	140	60	`	112	160	70	p				

A6: Hex-Dez-Tabellen

XY Hex

Y / X	0	1	2	3	4	5	6	7	8	9	A	B	C	D	E	F
0	0	1	2	3	4	5	6	7	8	9	10	11	12	13	14	15
1	16	17	18	19	20	21	22	23	24	25	26	27	28	29	30	31
2	32	33	34	35	36	37	38	39	40	41	42	43	44	45	46	47
3	48	49	50	51	52	53	54	55	56	57	58	59	60	61	62	63
4	64	65	66	67	68	69	70	71	72	73	74	75	76	77	78	79
5	80	81	82	83	84	85	86	87	88	89	90	91	92	93	94	95
6	96	97	98	99	100	101	102	103	104	105	106	107	108	109	110	111
7	112	113	114	115	116	117	118	119	120	121	122	123	124	125	126	127
8	128	129	130	131	132	133	134	135	136	137	138	139	140	141	142	143
9	144	145	146	147	148	149	150	151	152	153	154	155	156	157	158	159
A	160	161	162	163	164	165	166	167	168	169	170	171	172	173	174	175
B	176	177	178	179	180	181	182	183	184	185	186	187	188	189	190	191
C	192	193	194	195	196	197	198	199	200	201	202	203	204	205	206	207
D	208	209	210	211	212	213	214	215	216	217	218	219	220	221	222	223
E	224	225	226	227	228	229	230	231	232	233	234	235	236	237	238	239
F	240	241	242	243	244	245	246	247	248	249	250	251	252	253	254	255

XY00 Hex

Y / X	0	1	2	3	4	5	6	7	8	9
0	0	256	512	768	1024	1280	1536	1792	2048	2304
1	4096	4352	4608	4864	5120	5376	5632	5888	6144	6400
2	8192	8448	8704	8960	9216	9472	9728	9984	10240	10496
3	12288	12544	12800	13056	13312	13568	13824	14080	14336	14592
4	16384	16640	16896	17152	17408	17664	17920	18176	18432	18688
5	20480	20736	20992	21248	21504	21760	22016	22272	22528	22784
6	24576	24832	25088	25344	25600	25856	26112	26368	26624	26880
7	28672	28928	29184	29440	29696	29952	30208	30464	30720	30976
8	32768	33024	33280	33536	33792	34048	34304	34560	34816	35072
9	36864	37120	37376	37632	37888	38144	38400	38656	38912	39168
A	40960	41216	42472	41728	41984	42240	42496	42752	43008	43264
B	45056	45312	45568	45824	46080	46336	46592	46848	47104	47360
C	49152	49408	49664	49920	50176	50432	50688	50944	51200	51456
D	53248	53504	53760	54016	54272	54528	54784	55040	55296	55552
E	57344	57600	57856	58112	58368	58624	58880	59136	59392	59648
F	61440	61696	61952	62208	62464	62720	62976	63232	63488	63744

Y / X	A	B	C	D	E	F
0	2560	2816	3072	3328	3584	3840
1	6656	6912	7168	7424	7680	7936
2	10752	11008	11264	11520	11776	12032
3	14848	15104	15360	15616	15872	16128
4	18944	19200	19456	19712	19968	20224
5	23040	23296	23552	23808	24064	24320
6	27136	27392	27648	27904	28160	28416
7	31232	31488	31744	32000	32256	32512
8	35328	35584	35840	36096	36352	36608
9	39424	39680	39936	40192	40448	40704
A	43520	43776	44032	44288	44544	44800
B	47616	47872	48128	48384	48640	48896
C	51712	51968	52224	52480	52736	52992
D	55808	56064	56320	56576	56832	57088
E	59904	60160	60416	60672	60928	61184
F	64000	64256	64512	64768	65024	65280

A7: PROGRAMMLISTE

ASSEMBLERPROGRAMME

C-PROGRAMME und C-PROZEDUREN

MODULA-2-PROGRAMME

Abstrakte Datentypen:

Dienstleistungsmoduln:

Demonstrationsmoduln und Prozeduren:

STICHWORTVERZEICHNIS

P

Q

R

S

Leitfäden der angewandten Informatik

Bauknecht/Zehnder: **Grundzüge der Datenverarbeitung**
3. Aufl. 293 Seiten. DM 36,–

Beth / Heß / Wirl: **Kryptographie**
205 Seiten. Kart. DM 26,80

Bunke: **Modellgesteuerte Bildanalyse**
309 Seiten. Geb. DM 48,–

Craemer: **Mathematisches Modellieren dynamischer Vorgänge**
288 Seiten. Kart. DM 38,–

Frevert: **Echtzeit-Praxis mit PEARL**
2. Aufl. 216 Seiten. Kart. DM 34,–

Frühauf/Ludewig/Sandmayr: **Software-Projektmanagement und -Qualitätssicherung.** 136 Seiten. Kart. DM 28,–

Gorny/Viereck: **Interaktive grafische Datenverarbeitung**
256 Seiten. Geb. DM 52,–

Hofmann: **Betriebssysteme: Grundkonzepte und Modellvorstellungen**
253 Seiten. Kart. DM 36,–

Holtkamp: **Angepaßte Rechnerarchitektur**
233 Seiten. DM 38,–

Hultzsch: **Prozeßdatenverarbeitung**
216 Seiten. Kart. DM 28,80

Kästner: **Architektur und Organisation digitaler Rechenanlagen**
224 Seiten. Kart. DM 28,80

Kleine Büning/Schmitgen: **PROLOG**
2. Aufl. 311 Seiten. DM 36,–

Meier: **Methoden der grafischen und geometrischen Datenverarbeitung**
224 Seiten. Kart. DM 36,–

Meyer-Wegener: **Transaktionssysteme**
242 Seiten. DM 38,–

Mresse: **Information Retrieval – Eine Einführung**
280 Seiten. Kart. DM 38,–

Müller: **Entscheidungsunterstützende Endbenutzersysteme**
253 Seiten. Kart. DM 32,–

Mußtopf / Winter: **Mikroprozessor-Systeme**
302 Seiten. Kart. DM 34,–

Nebel: **CAD-Entwurfskontrolle in der Mikroelektronik**
211 Seiten. Kart. DM 34,–

Retti et al.: **Artificial Intelligence – Eine Einführung**
2. Aufl. X, 228 Seiten. Kart. DM 36,–

Schicker: **Datenübertragung und Rechnernetze**
2. Aufl. 242 Seiten. Kart. DM 32,–

Schmidt et al.: **Digitalschaltungen mit Mikroprozessoren**
2. Aufl. 208 Seiten. Kart. DM 28,80

Schmidt et al.: **Mikroprogrammierbare Schnittstellen**
223 Seiten. Kart. DM 34,–

Leitfäden der angewandten Informatik

Fortsetzung

Schneider: **Problemorientierte Programmiersprachen**
226 Seiten. Kart. DM 28,80

Schreiner: **Systemprogrammierung in UNIX**
Teil 1: Werkzeuge. 315 Seiten. Kart. DM 52,–
Teil 2: Techniken. 408 Seiten. Kart. DM 58,–

Singer: **Programmieren in der Praxis**
2. Aufl. 176 Seiten. Kart. DM 32,–

Specht: **APL-Praxis**
192 Seiten. Kart. DM 26,80

Vetter: **Aufbau betrieblicher Informationssysteme mittels konzeptioneller Datenmodellierung**
4. Aufl. 455 Seiten. Kart. DM 54,–

Vetter: **Strategie der Anwendungssoftware-Entwicklung**
400 Seiten. Kart. DM 52,–

Weck: **Datensicherheit**
326 Seiten. Geb. DM 44,–

Wingert: **Medizinische Informatik**
272 Seiten. Kart. DM 28,80

Wißkirchen et al.: **Informationstechnik und Bürosysteme**
255 Seiten. Kart. DM 32,–

Wolf/Unkelbach: **Informationsmanagement in Chemie und Pharma**
244 Seiten. Kart. DM 36,–

Zehnder: **Informatik-Projektentwicklung**
223 Seiten. Kart. DM 36,–

Zehnder: **Informationssysteme und Datenbanken**
4. Aufl. 276 Seiten. Kart. DM 38,–

Zöbel/Hogenkamp: **Konzepte der parallelen Programmierung**
235 Seiten. Kart. DM 36,–

Preisänderungen vorbehalten

Teubner Studienbücher

Informatik

Berstel: **Transductions and Context-Free Languages**
278 Seiten. DM 42,– (LAMM)

Beth: **Verfahren der schnellen Fourier-Transformation**
316 Seiten. DM 36,– (LAMM)

Bolch/Akyildiz: **Analyse von Rechensystemen**
Analytische Methoden zur Leistungsbewertung und Leistungsvorhersage
269 Seiten. DM 32,–

Dal Cin: **Fehlertolerante Systeme**
206 Seiten. DM 26,80 (LAMM)

Ehrig et al.: **Universal Theory of Automata**
A Categorical Approach. 240 Seiten. DM 29,80

Giloi: **Principles of Continuous System Simulation**
Analog, Digital and Hybrid Simulation in a Computer Science Perspective
172 Seiten. DM 27,80 (LAMM)

Kupka/Wilsing: **Dialogsprachen**
168 Seiten. DM 26,80 (LAMM)

Maurer: **Datenstrukturen und Programmierverfahren**
222 Seiten. DM 28,80 (LAMM)

Oberschelp/Wille: **Mathematischer Einführungskurs für Informatiker**
Diskrete Strukturen. 236 Seiten. DM 26,80 (LAMM)

Paul: **Komplexitätstheorie**
247 Seiten. DM 29,80 (LAMM)

Richter: **Logikkalküle**
232 Seiten. DM 26,80 (LAMM)

Schlageter/Stucky: **Datenbanksysteme: Konzepte und Modelle**
2. Aufl. 368 Seiten. DM 38,– (LAMM)

Schnorr: **Rekursive Funktionen und ihre Komplexität**
191 Seiten. DM 26,80 (LAMM)

Spaniol: **Arithmetik in Rechenanlagen**
Logik und Entwurf. 208 Seiten. DM 26,80 (LAMM)

Vollmar: **Algorithmen in Zellularautomaten**
Eine Einführung. 192 Seiten. DM 26,80 (LAMM)

Weck: **Prinzipien und Realisierung von Betriebssystemen**
2. Aufl. 299 Seiten. DM 38,– (LAMM)

Wirth: **Compilerbau**
Eine Einführung. 4. Aufl. 117 Seiten. DM 20,80 (LAMM)

Wirth: **Systematisches Programmieren**
Eine Einführung. 5. Aufl. 160 Seiten. DM 26,80 (LAMM)

Preisänderungen vorbehalten